Christian Greiser

Wenn der Erfolg plötzlich Pause macht

ÖKOLOGISCHE
VERANTWORTUNG

Christian Greiser

Wenn der Erfolg plötzlich Pause macht

Eine Reparaturanleitung für Ihre Karriere

Externe Links wurden bis zum Zeitpunkt der Drucklegung des Buches geprüft. Auf etwaige Änderungen zu einem späteren Zeitpunkt hat der Verlag keinen Einfluss. Eine Haftung des Verlages ist daher ausgeschlossen.

Bibliografische Information der Deutschen Nationalbibliothek

Die Deutsche Nationalbibliothek verzeichnet diese Publikation in der Deutschen Nationalbibliografie; detaillierte bibliografische Daten sind im Internet über http://dnb.d-nb.de abrufbar.

ISBN 978-3-96739-114-5

Lektorat: Dr. Michael Madel, Ruppichteroth
Umschlaggestaltung: Guido Klütsch, Köln
Autorenfoto: Christian Amouzou
Satz und Layout: Lohse Design, Heppenheim | www.lohse-design.de
Druck und Bindung: Salzland Druck, Staßfurt

Wir drucken in Deutschland.

www.gabal-verlag.de
www.gabal-magazin.de
www.facebook.com/Gabalbuecher
www.twitter.com/gabalbuecher
www.instagram.com/gabalbuecher

PEFC zertifiziert
Dieses Produkt stammt aus nachhaltig bewirtschafteten Wäldern und kontrollierten Quellen.
www.pefc.de

Inhalt

Prolog: Plötzlich ist der Motor aus

Wie mich die Stille mitten im Lärm aufschreckte ... und warum das mein Weltbild völlig auf den Kopf stellte

Ganghwa, Südkorea, 9. September 2007: Im Kloster

Ich werde von einem dumpfen Klopfen wach. Es hört sich an, als ob jemand langsam einen Nagel einschlüge. Es ist dunkel und mein Rücken schmerzt von der harten Matratze. Ich taste nach meiner Uhr, 3:30 Uhr. Wo bin ich? Gedankenfetzen tauchen auf, »Busfahrt, Mönche, Kloster ... Kloster! Ich bin in einem Kloster.« Statt Glocke gibt es hier Holzbrett und Hammer als Wecksignal, es ist Zeit für das Morgenritual. Zum Ankleiden bleiben nur ein paar Minuten. Der graue Meditationsanzug ist hart und kratzt, die schwarzen Stoffschuhe drücken. Vor meiner Zelle auf dem Flur treffe ich Jules, einen groß gewachsenen Belgier. »Sind wir zu spät?«, fragt er etwas ängstlich. »Ich hoffe nicht«, sage ich, während wir hektisch aus dem Schlaftrakt in das Dunkel draußen vor der Tür stürmen und uns eilig auf den Weg zum Tempel auf dem kleinen Hügel machen. Er liegt im Zentrum der Klosteranlage. Es regnet leicht.

Wir sind Gäste in einem Kloster und haben uns erst gestern kennengelernt. Ich bin als Unternehmensberater nach Südkorea gekommen. Zusammen mit meinem Team unterstütze ich einen großen Maschinenbau-Kunden bei der Restrukturierung seiner koreanischen Tochtergesellschaft. Es gibt viele Probleme: veraltete Produkte, schlechter Service, zu niedrige Preise, zu geringe Produktivität der Fabrik und damit hohe Verluste. Selbst über eine Teilverlagerung der Produktion nach China wird diskutiert. Aus Beratersicht geht es um das gesamte Programm. Der Kunde hat sich mit einer Übernahme verhoben. Da kurzfristig eine bilanzielle Überprüfung ansteht, arbeiten wird unter hohem Zeitdruck. Wir haben zwölf Wochen Zeit, ein tragfähiges Restrukturierungskonzept vorzulegen. Ich habe mich zu diesem Abenteuer von einem Kollegen überreden lassen. Es ist das erste Mal, dass ich in Korea bin.

Die Wochenenden habe ich bisher in Seoul verbracht. Meine Familie ist zu Hause in Deutschland. Nur einmal bin ich bisher zurückgeflogen. Ansonsten habe ich im Hotel gearbeitet oder die Stadt erkundet. Ich war häufig in Insadong, einem Künstler- und Antiquitätenviertel. Hier gibt es Pinselmacher, Schilderschnitzer, Galerien und zahlreiche kleine Restaurants. Die Straßen sind mit Menschen gefüllt, es ist bunt und riecht fremdartig. Jemand hat mir erzählt, dass es Ginseng-Duft ist. Ich habe mit meinem Handy kleine Filme gedreht und an meine Kinder geschickt. Ich vermisse meine Familie.

Im Fitnessraum des Hotels auf dem Laufband habe ich einen Film über Zen-Meditation gesehen. Hier in Korea gibt es die Möglichkeit, für ein Wochenende mit den Mönchen zu leben, ein sogenannter Templestay. Teilnehmer erhalten die Möglichkeit, an den Tagesabläufen und Ritualen teilzunehmen, die buddhistische Kultur kennenzulernen, in den schönsten Klöstern Koreas zu übernachten und vor allem zu entspannen, zu reflektieren und wieder Energie zu tanken. Ich habe mich für ein Wochenende angemeldet.

Gestern bin ich im Kloster angekommen. Die Anreise war ein Abenteuer. Ich spreche kein Koreanisch, der Busfahrer sprach kein Englisch. Ich habe versucht, mit Händen und Füßen zu kommunizieren, vergeblich. Eine Gruppe kichernder Jugendlicher hat mir schließlich geholfen. Einer von ihnen sprach ein bisschen Englisch und konnte dolmetschen. Anschließend wurde ich neugierig befragt, wo ich herkomme und warum ich in ein Kloster fahre. Als ich schließlich in einem kleinen Dorf in der Nähe des Klosters ausgestiegen bin, haben sie etwas mitleidig hinter mir hergeschaut. Als ob ich Schloss Dracula besuchen wollte.

Das Kloster liegt in einer herrlichen Hügellandschaft, umgeben von Laubwäldern mit hohen Bäumen. Am Eingang kam mir schon ein Mönch entgegengelaufen, mit einem breiten Lachen im Gesicht. Er hat mich direkt in mein Zimmer geführt und mir graue Kleidungsstücke übergeben, die ich als Teilnehmer hier vor Ort tragen muss. Dann habe ich die anderen Templestay-Teilnehmer getroffen. Jules ist Vertriebsmanager in einem Automobilkonzern. Dann sind da noch drei Studentinnen aus Frankreich, ein junger japanischer Mediziner und ein älterer Brasilianer, der früher Augenarzt war und jetzt als Aussteiger lebt. Bei einer Tasse Tee haben wir uns näher kennengelernt. Den Rest des Tages haben wir mit einer Einführung in die strengen Klostergepflogenheiten verbracht, zum Beispiel wie man einen Tempel betritt, wie man sich verbeugt, welche Mantras und Gesänge es gibt. Vor allem habe ich die Atmosphäre im Kloster gespürt, es ist eine seltsame Mischung aus Ruhe und Energie zugleich.

Mystische Atmosphäre

Ich weiß eigentlich nicht genau, warum ich an diesen Ort gekommen bin. Sicherlich ist es Neugierde, aber auch die Suche nach Ruhe. Die ersten Wochen waren unglaublich anstrengend. Seoul ist von Menschen überfüllt, es ist heiß, die Luftfeuchtigkeit macht mir zu schaffen, die endlosen Taxifahrten durch die lärmende Stadt sind zermürbend, der Druck auf dem Projekt ist hoch. Immer wieder gibt es im Team kulturelle Missverständnisse. Niemand sagt hier »Nein«, das heißt aber nicht, dass damit »Ja« gemeint ist. Ich muss zwischen den Zeilen lesen, das kostet auf Dauer Zeit und Kraft. Ich finde keine Zeit zum Nachdenken. Hier im Kloster kann ich zumindest für ein Wochenende Handy und Blackberry ausschalten.

Als Jules und ich an diesem Morgen fast im Laufschritt den Tempel betreten, sind die anderen bereits dort. Beim Morgenritual herrscht eine mystische Atmosphäre. Der Mantra-Gesang der Mönche vermischt sich mit dem Geräusch des frischen Morgenregens draußen vor den geöffneten Tempeltüren. Die vielen Kerzen und Laternen wirken geheimnisvoll, die Räucherstäbchen verströmen einen würzigen Duft. Wir nehmen an den 108 Verbeugungen vor Buddha teil. Anschließend gibt es eine Morgenmeditation. Gestern Abend haben wir eine erste Meditationseinführung erhalten: Sitzen in Kraft und Stille auf dem harten Meditationskissen, Konzentration auf den Atem, Zählen der Atemzüge von eins bis zehn beim Ein- und Ausatmen, immer wieder von vorn. Damit werden die Wogen der Gedanken geglättet – soweit die Theorie.

Mir fällt die Übung heute Morgen schwer. Die Einheit von Körper und Geist will sich einfach nicht einstellen, trotz der besonderen Atomsphäre im Tempel. Ich bin müde. Immer wieder schweifen meine Gedanken ab, ich bin kurz davor einzuschlafen. Der Rücken schmerzt vom geraden Sitzen auf dem Meditationskissen. Vielleicht ist es auch die Nachwirkung der harten Matratze in der Nacht. In den Knien spüre ich einen stechenden Schmerz. Einen Stuhl gibt es hier leider nicht. Ich beobachte Jules und die anderen. Sie sitzen alle ruhig auf ihren Kissen, alle scheinbar tief entspannt. Mein Wettbewerbsinstinkt erwacht. Was sind die Erfolgsfaktoren bei dieser Übung? Hier geht es doch nur darum, einfach zu sitzen und dabei an nichts zu denken. Was ist so schwer daran? Warum gelingt mir das nicht?

Wieder und wieder schweife ich beim Zählen in Gedanken ab und schaffe es bestenfalls bis fünf. Ich quäle mich und mache fast einen Leistungssport aus der Übung. Die Schmerzen im Rücken und in den Knien nehmen zu. Langsam macht sich bei mir eine innere Wut breit. Was um alles in der Welt mache ich hier eigentlich? Ich könnte um diese Zeit noch gemütlich in meinem komfortablen Bett im Westin-Chosun-Hotel in Seoul liegen. Ich würde ein hervorragendes Continental Breakfast bekommen statt sauer riechendem koreanischen Kimchi im Kloster. Außerdem müsste ich dringend eine Präsentation vorbereiten. Stattdessen sitze ich hier auf dem Fußboden inmitten der ganzen Tempelfolklore und spiele Freizeitmönch. Warum? Ich bin kurz davor aufzuspringen und rauszugehen.

Was bleibt, wenn alles weg ist?

Erst jetzt fällt mir auf, dass sich der Morgenregen gelegt hat, nur ein paar Vögel sind draußen zu hören. Es herrscht eine intensive Stille. Keine lärmende Stadt, kein Handy, kein Fernsehen, kein Radio. In diesem Moment habe ich das Gefühl, dass die Welt um mich herum plötzlich stillsteht. Als ob jemand auf Stopp gedrückt hätte. Zunächst spüre ich eine tiefe Ruhe. Dann, wie aus dem Nichts, höre ich auf einmal laut und deutlich eine innere Stimme: »Und? Wer bist du jetzt?«, »Wer bist du, wenn du mal nicht dem Erfolg nachhetzt?«, »Wer bist du jenseits von Beruf und Familie?« Dabei kommt es mir fast so vor, als ob ein Teil von mir für einen Augenblick verschwunden sei, ich fühle mich leer, stehe an einem Abgrund und klammere mich irgendwo fest. »Lass los und mach einen Schritt nach vorn«, sagt die innere Stimme ruhig. »Es wird dir nichts passieren.« Eine regelrechte Panik erfasst mich. Dann höre ich den Gong, die Meditation ist zu Ende. Erleichtert und verwirrt zugleich verlasse ich zusammen mit den anderen den Tempel.

»Womit um alles in der Welt habe ich da gerade Bekanntschaft gemacht?«, frage ich mich. »Hat hier jemand etwas in die Räucherstäbchen getan?« Ich behalte diese Erfahrung für mich.

Am Nachmittag sind wir zu einer Teezeremonie beim Abt des Klosters eingeladen. Er spricht perfekt Englisch. Mit hoher Konzentration bereitet er die grünen Teeblätter vor und stellt die Tassen auf den tiefen Tisch am Boden. Er hat eine ruhige Ausstrahlung, eine angenehme Stimme und spricht mit einer Mischung aus Klarheit und Humor. Nachdem wir alle unseren Tee getrunken haben, schaut er uns lange an. »Ihr solltet nicht so viel meditieren«, sagt er mit ernster Miene. »Denn wenn ihr stillsteht, lauft ihr Gefahr, euch plötzlich zu erinnern, wer ihr seid.« Dann lacht er auf einmal laut los. Es kann purer Zufall sein, aber er schaut dabei genau in meine Richtung. Geschockt und wie versteinert sitze ich auf dem Boden. »Was bitte läuft hier gerade ab?«, frage ich mich.

Nach der Teezeremonie packen wir unsere Sachen und verabschieden uns. Einer der Mönche fährt uns in einem klapprigen Hyundai-Kleinbus zur nächsten Bushaltestelle. Erst gestern haben wir uns alle kennengelernt und trotzdem fühlt es sich so an, als ob wir schon viel länger als Gruppe unterwegs seien. Wir müssen nicht lange warten, der Bus zurück nach Seoul kommt schon nach 20 Minuten. Auf der Fahrt tauschen wir unsere Meditationserfahrungen aus. »Ich weiß gar nicht, ob ich stillstehen und mich erinnern möchte, wer ich wirklich bin«, sagt Jules und lächelt. »Bisher läuft eigentlich alles ganz gut in meinem Leben.« Ich blicke aus dem Busfenster. Die grüne Hügellandschaft verschwindet in der Ferne.

Hamburg, 11. September 2021: Im Homeoffice

Ich bin auf dem Sommerfest eines ehemaligen Beraterkollegen eingeladen. Es ist eine der ersten größeren Liveveranstaltungen nach dem Lockdown, an der ich teilnehme. Alles findet unter strengen Gesundheitsauflagen im Freien statt, wir können den Abend ohne Maske verbringen. Bei den Gästen ist Freude spürbar, dass physische Treffen in diesem Rahmen endlich wieder möglich sind. Ich treffe viele bekannte Gesichter.

»Hättest du noch ein paar Minuten Zeit für ein persönliches Gespräch?«, fragt Luca, ein früherer Kollege und Freund. Wir kennen uns seit vielen

Jahren und haben als junge Berater gemeinsame Nachtschichten bei einem sehr intensiven Projekt verbracht. Heute ist Luca Partner in einer Private-Equity-Firma. Er hat eine Vorzeigekarriere hingelegt. Wir haben uns heute Abend nach langer Zeit wiedergetroffen. Gerade haben wir uns noch mit dem Jazz-Pianisten unterhalten, der soeben aufgetreten ist. Wir teilen die gleiche Leidenschaft für Musik. Jetzt stehen wir etwas abseits auf der Terrasse, jeder mit einem Bier in der Hand. Wir blicken auf die Elbe und die maritime Landschaft, es ist ein wunderbarer Ausblick.

Was bleibt, wenn alles stillsteht?

Luca schaut sich um, um sicherzugehen, dass wir ungestört sind. Er wirkt plötzlich ernst und nachdenklich. »Das bleibt bitte unter uns«, sagt er. »Ich will im nächsten Jahr die Firma verlassen. Ich weiß noch nicht genau, was ich danach machen werde, darüber muss ich noch in Ruhe nachdenken. Du bist doch jetzt Coach, darf ich mich dazu bei dir mal melden?«

»Jederzeit gern«, sage ich. »Aber was ist los? Braucht dein Erfolg mal eine Pause?«

»Das Geschäft läuft so gut wie noch nie, wir werden sogar ein Rekordjahr haben.«

»Was stimmt dann nicht?«, frage ich. »Work-Life-Balance?«

Luca lacht. »Du kennst mich doch. Klar, es gibt immer wieder intensive Phasen. Im Lockdown haben wir alle noch mehr gearbeitet als zuvor. Aber wenn ich damit ein Problem hätte, wäre ich längst weg.«

»Also, warum dann?«, frage ich hartnäckig. »Gehen ohne Ziel? Dafür muss es bei jemandem wie dir einen triftigen Grund geben.«

Luca denkt nach und trinkt einen Schluck aus seiner Flasche Flensburger.

»Ja, irgendwie schon. Ich habe in letzter Zeit viel nachgedacht, vielleicht weil ich plötzlich nur noch zu Hause und nicht mehr viel unterwegs war. Ich hatte endlich mehr Zeit für die Familie, und im Job lief es auch gut, eigentlich war das perfekt. Aber es hat sich plötzlich anders angefühlt als sonst, als wenn jemand das Karussell anhält. Ich habe mich gefragt, warum ich das immer noch mache. Jedes Jahr die Jagd nach dem nächsten Deal. Eigentlich habe ich keine Lust mehr dazu. Das ist mir erst jetzt bewusst geworden. Ich glaube, ich bin nur noch dabei, weil ich keine Alternative kenne. Ich weiß einfach nicht, was danach kommt.«

»Was genau meinst du mit ›Karussell anhalten‹?«

»Das Reisen zum Beispiel«, antwortet er. »Taxi, Flugzeug, Konferenzraum, immer die gleiche Hetze. Ich habe nie Zeit gehabt, mal richtig nachzudenken. Plötzlich ist alles weg und ich sitze nur noch zu Hause vor dem Bildschirm. Als wenn die Welt stillsteht und nur noch der Fernseher läuft.«

Gehen ohne Ziel

»Stillstehen« – immer wieder begegnet mir dieses Wort in den letzten Wochen. Gleich mehrere Coachinggespräche habe ich dazu geführt: ein junger Manager eines Automobilkonzerns, der das Gefühl hat, der Motor sei aus. Eine IT-Managerin, die sich wie in einem persönlichen System-Shutdown fühlt. Ein Investmentbanker, der glaubt, plötzlich festzusitzen. Die Liste ist lang. Auch an diesem Abend werde ich noch drei weitere Gespräche zum gleichen Thema führen.

Viele schildern mir, dass sie rauswollen aus ihrem Job und etwas ganz anderes machen möchten. Manche sind sogar bereit zu kündigen, ohne dass sie einen neuen Job in Aussicht hätten. Gehen ohne Ziel. Und scheinbar sind sie nicht die einzigen, denen solche Gedanken durch den Kopf gehen. Ich habe gerade einen Artikel dazu gelesen. Von einem »Talent-Tsunami«, von der »großen Mitarbeiterfluktuation« ist inzwischen die Rede. Was ist da los?

Es scheint, als ob die Pandemie die innere Einstellung verändert hätte und sich Werte und Prioritäten verschoben hätten. Viele waren vorher auf der Überholspur unterwegs, immer schneller, immer weiter. Täglich im Büro, im Taxi, im Flugzeug. Was Erfolg bedeutet, das war klar. Aber plötzlich findet die Karriere nur noch in den eigenen vier Wänden vor dem Bildschirm statt. Stillstand. Leere Flughäfen, leere Bahnhöfe, leere Straßen. Ein surreales Bild. Selbst der Erfolg mit all den bunten Facetten scheint eine Pause einzulegen. Als hätte die Welt, die sich eben noch so schnell gedreht hat, eine kollektive Vollbremsung hingelegt.

»Es fühlt sich jetzt so an, als käme das eigene Leben von hinten angerauscht, wie bei einem Auffahrunfall«, hat mir ein Kunde dazu gesagt. In den eigenen vier Wänden, ohne Ablenkung durch die bunte Welt da draußen, kann man den unbeantworteten Fragen nicht mehr entkommen: Warum immer dem Erfolg hinterherhetzen? Was ist Erfolg überhaupt? Und wer bin ich, wenn ich mich davon so abhängig gemacht habe? Stillstand. Genau wie vor 14 Jahren in Korea – das Nachdenken darüber, wer man ist.

Während viele noch über die unbequemen Fragen nachsinnen, kommt von vorn schon das Signal zum Weiterfahren. Wie der Gong nach der Meditation. Stillstand beendet. Die Welt dreht sich wieder. Weiter geht's auf der Erfolgsspur. Aber der eigene Erfolgsmotor stottert plötzlich, er läuft nicht mehr so rund wie vor der Pause. Es sind die Fragen, die vielen nicht mehr aus dem Kopf gehen. Es ist der Wunsch, bei sich selbst einmal »unter die Haube zu schauen« und sich etwas näher mit dem eigenen »Erfolg« zu beschäftigen. Zeit, eine Anleitung dazu zu schreiben?

An diesem Tag in Hamburg

»Und wenn du keine Antwort findest? Wenn du nicht herausfindest, wo dein Weg jetzt weiterführt? Was machst du dann?«, frage ich Luca.

»Ich denke schon seit Wochen darüber nach, aber ehrlich gesagt komme ich nicht weiter, ich drehe mich im Kreis«, sagt er. »Aber auch wenn das mit der Pandemie irgendwann vorbei ist und ich immer noch keine Idee habe, was ich machen soll, ich glaube, dass ich trotzdem gehen werde. Mein bisheriger Weg endet hier, da bin ich mir ziemlich sicher.«

Für einen kurzen Moment blicken wir beide auf die Elbe. Ein großes Containerschiff fährt langsam vorbei und versperrt uns die Sicht. Wir werden uns in den nächsten Wochen zu einem längeren Gespräch treffen.

Zwischen Erfolg und Erschöpfung

Dieses Buch handelt vom Misserfolg. Genauer gesagt, von den Momenten, in denen wir unseren persönlichen Erfolg »vermissen« und er sich einfach nicht wieder einstellen will, ganz gleich, was wir auch versuchen. Als wäre er einfach in den Urlaub gefahren und würde eine Pause machen. »Bin bald zurück, liebe Grüße, Dein Erfolg«, lesen wir auf seiner imaginären Urlaubskarte. Eine Unverschämtheit! Wie kann er sich das herausnehmen? Das war doch ganz anders vereinbart! Oder?

Es sind viele Bücher über den Erfolg geschrieben worden. In drei Schritten geht es dort entweder vom Werksstudenten zum Vorstandsvorsitzenden, vom Berater zum Partner oder, etwas zeitgemäßer, vom Studienabbrecher zum millionenschweren Gründer. Ich habe viele von diesen Büchern gelesen. Seltsam nur, dass darüber bisher niemand mit mir in einer Coachingsitzung sprechen will. »Bin gerade bei Karriereschritt Nummer zwei, wollte nur kurz sagen, dass alles nach Plan läuft«, auf diesen Anruf eines Kunden warte ich bis heute.

Stattdessen lerne ich von meinen Kunden, dass es nicht immer nach Plan läuft und es auf dem Karriere-Highway eher unerwartete Pausen geben kann, weil der Erfolgsmotor plötzlich stottert. In letzter Zeit häufen sich die Probleme. Beim »Blick unter die Haube« sind mir dabei Muster aufgefallen. Und ich befürchte, es handelt sich um »Serienfehler« beim Umgang mit uns selbst. Vor allem das Umschalten beim Übergang von einer Karrierephase in die nächste scheint nicht richtig zu funktionieren. Ehrlich gesagt hat es in meiner eigenen Karriere in dieser Hinsicht auch schon geklemmt. Für eine »Rückrufaktion« wäre es in Anbetracht der zum Teil weit fortgeschrittenen Karrieren zu spät. Zeit also für ein Jetzt-helfe-ich-mir-selbst-Buch, als Lektüre für die Momente, in denen wir nicht erfolgreich sind. Denn möglicherweise stehen wir gerade dann vor einem der großen Wendepunkte in unserem Berufsleben. Aber was meinen wir eigentlich, wenn wir von Erfolg und Karriere sprechen?

Erfolg in Zeiten von New Work und Pandemie

Kurz vor dem Abschluss meines Maschinenbaustudiums 1993 fiel mir in einem Kaufhaus ein Buch in die Hände: *Die 100 Gesetze erfolgreicher Karriereplanung* (Kerler, von Windau 1992). Ähnlich wie in einem Formelbuch wurden 100 Regeln vorgestellt, mit denen eine Karriere gemeistert werden kann. Die einfach strukturierte Aufmachung war ein Traum für jeden Ingenieur, also griff ich zu. Es ging um Themen wie Persönlichkeit, Ausbildung, Familie, Chancen, Aufstieg und vieles mehr. Dem Zeitgeist entsprechend, wurde die Karriere hier als Abfolge eines sozialen und beruflichen Aufstiegs dargestellt. »Erfolg« ließ sich ganz einfach daran messen, ob und in welchem Zeitraum dieser Aufstieg »erfolgte«, natürlich verbunden mit Geld, Macht und Einfluss. Eine Philosophie für *Yuppies*, der *Young Urban Professionals,* wie die Karrieristen der 1990er-Jahre genannt wurden, bei denen der schnelle berufliche Aufstieg im Mittelpunkt des Lebens stand und deren schlimmste Auswüchse Figuren wie Gordon Gekko aus dem Film *Wall Street* waren. Erfolg wurde am Kontostand und an der Visitenkarte abgelesen. 30 Jahre sind seitdem vergangen – und unser Erfolgsbild hat sich radikal verändert.

Mein erster Chef stieg noch vom Entwicklungsingenieur zum Vorstand auf, ohne jemals das Gebäude zu wechseln. »Schornsteinkarriere« hieß das damals. So etwas gibt es heute nicht mehr. Wer heute aufsteigen will, muss sich vor allem in einer immer komplexeren Welt zurechtfinden. Aus den 100 Gesetzen sind inzwischen 200 Prinzipien des Erfolgs geworden, die im gleichnamigen Bestseller von Ray Dalio nachzulesen sind (Dalio 2021). Persönlicher Erfolg wird jetzt auch an Erfüllung gemessen und ist mehr als nur geschäftlicher Erfolg. Dazu zählen Elemente wie Weisheit, Staunen, Großzügigkeit und Wohlbefinden, wie die US-amerikanische Autorin und Journalistin Arianna Huffington in ihrem wunderbaren Buch *Die Neuerfindung des Erfolgs* schreibt (Huffington 2014). Und beide, Dalio und Huffington, sprechen offen über ihre transzendentale Meditationspraxis. Das kannten wir bisher nur von den Beatles. Vor 30 Jahren wäre so eine Selbstoffenbarung für jeden Topmanager das Ende der Karriere gewesen. Erfolg heißt heute eben auch, aktiv daran zu arbeiten, Erschöpfung zu vermeiden und das Leben in Balance zu halten. In Zeiten von »New Work«, in denen zwar einerseits Freiheit und Selbstbestimmung im Mittelpunkt stehen, andererseits aber die Grenzen von Berufs- und Privatleben zunehmend verschwimmen, werden physische und mentale Gesundheit zur neuen Maxime. Persönlicher Erfolg wird heute auch an den Fitnessdaten der Smartphone-App abgelesen.

Neue Erfolgsdefinition in Umbruchzeiten

Dass die Pandemie die Welt nachhaltig verändern wird, ähnlich wie zuvor der Fall der Berliner Mauer oder die großen Finanzkrisen 1929 und 2008, das ahnen wir inzwischen alle. Das gilt vor allem für unsere Arbeitswelt. In einem atemberaubenden Tempo hat sich gerade die weltweite Etablierung des Homeoffice als alternativer Arbeitsplatz vollzogen. Wir bedienen Videokonferenz-Apps wie *Zoom* oder *Teams* inzwischen sicherer als unsere elektrische Zahnbürste. Aber auch in den Köpfen hat eine Veränderung stattgefunden, das betrifft vor allem das persönliche Verständnis von Erfolg. Die Pandemie wirkt hier wie ein Brandbeschleuniger und verstärkt einen Trend, der ohnehin bereits begonnen hatte.

Wir erleben zurzeit einen Umbruch, der auch als »Talent-Tsunami« bezeichnet wird. Anfang 2021 machte eine Microsoft-Studie die Runde, nach der über 40 Prozent der weltweit Beschäftigten mittelfristig einen Jobwechsel planen (Microsoft 2021). Ende 2021 wurde die für die Unternehmen düstere Prognose in den USA zur Gewissheit: Mehr als 24 Millionen Amerikaner kündigten zwischen April und September 2021 ihre Jobs, ein Allzeithoch. Das zeigt eine aktuelle MIT-Studie (Sull 2022). Betroffen sind vor allem die Firmen, die für Innovation stehen und typischerweise einen großen Anteil talentierter und überdurchschnittlich ausgebildeter Mitarbeiter haben, wie etwa Techfirmen, Beratungen oder Investmentbanken. Die Kündigungsraten sind hier in den letzten zwei Jahren dramatisch angestiegen. Im Start-up-Umfeld kündigt ohnehin jeder vierte Mitarbeiter (Founders Circle Capital 2022). Was ist los?

Es geht nicht um die Enttäuschung bei der Bonuszahlung oder die ausgebliebene Beförderung, sondern vielmehr um Themen wie Unternehmenskultur, Arbeitsbelastung und Work-Life-Balance. Was fehlt, sind ein »Dankeschön« am Arbeitsplatz, Pausen ohne schlechtes Gewissen, ausreichend Schlaf und Zeit für die Familie. Alles menschlich nachvollziehbare Faktoren, die bei innovativen »High-Speed-Firmen« gern zu kurz kommen. Das rächt sich jetzt. Auch in Deutschland ist dieser Trend inzwischen angekommen, wie ich aus persönlichen Gesprächen mit Start-ups, Corporates- und Professional-Services-Firmen weiß. Die Bereitschaft, für die eigene Karriere Kompromisse in Bezug auf Lebensqualität und Gesundheit einzugehen, hat gerade bei den Toptalenten seit der Pandemie deutlich abgenommen. Die Karriere um jeden Preis hat ausgedient. Erfolg wird heute auch an persönlicher Wertschätzung gemessen.

Jenseits der Karriereplanung

Natürlich gab es in der Vergangenheit ähnliche periodisch wiederkehrende Trends. Aber in einem Punkt unterscheidet sich die aktuelle Situation fundamental von früheren Wirtschaftszyklen: Zwei Drittel der Mitarbeiter sind bereit zu kündigen, ohne dass sie einen neuen Job in Aussicht hätten (De Smet 2021). »Ich bin dann mal weg«, würde Hape Kerkeling sagen (Kerkeling 2006). Ehrlich gesagt hätte ich in dieser Situation, so ganz ohne den nächsten Job in Aussicht, schlaflose Nächte gehabt. Aber das mag an meiner Persönlichkeitsstruktur und Generationenzugehörigkeit liegen. Und ich habe in meiner aktiven Karriere auch keine Pandemie erlebt.

Gerade Berufseinsteiger haben heute eine andere Perspektive, und das ist in Zeiten der Lockdowns durchaus nachvollziehbar. Denn wenn die ersten zwei Jahre in der Arbeitswelt nur vor dem Bildschirm zu Hause stattfinden, ohne jeden physischen Kontakt zum Unternehmen, dann wird jeder Job austauschbar wie eine Netflix-Serie. Und wenn das nächste Jobangebot immer nur einen »Klick« weit im Internet entfernt ist, dann sinkt auch die Hemmschwelle, eine Zeit ganz ohne Job zu verbringen. In Deutschland kommt noch ein Sondereffekt hinzu: Die Erbengeneration muss sich weniger Gedanken um die langfristige Versorgungssicherheit machen. Wer schon das Haus der Großmutter geerbt hat, tut sich etwas leichter damit, auch mal eine Zeitlang ohne Job zu leben.

Wie ich aus Coachingsituationen weiß, spielen aber auch diejenigen, die bereits länger dabei sind, mit dem Gedanken, ohne konkrete Zukunftsaussicht zu kündigen. Das hat mit einer veränderten Perspektive zu tun. Für einige geht der »Deal« nicht mehr auf. Ohne die physischen Begegnungen mit Kollegen und Kunden, ohne Senator-Lounge und Businesshotel, ohne »Business-Kasper-Status«, wie es Michael Bully Herbig einmal wunderbar in einem Sketch persifliert hat, und ohne schicke Büros verliert so mancher Traumjob den Reiz. In der Gleichung »Work hard – play hard« fehlt plötzlich der angenehme Teil.

Andere wiederum hat die psychische und physische Dauerbelastung der Lockdown-Phasen, verbunden mit Nonstop-Arbeitszeiten vor dem Bildschirm, zum Nachdenken gebracht. Ohne den physischen Kontakt zu gleichgesinnten Arbeitswütigen im Büro ist vielen zum ersten Mal bewusst geworden, was für ein absurdes Leben sie eigentlich führen. Der unmittelbare Kontakt mit Familie und Freunden während der Arbeitszeit hat dieses Gefühl noch verstärkt. Es macht eben einen Unterschied, ob ich als Berater nachts fernab in New York im Businesshotel schufte oder ob ich zu Hause um Mitternacht in der Küche in einer Videokonferenz hocke, während Familie und Freunde im Wohnzimmer gemütlich bei einem Glas Wein zusammensitzen und Doppelkopf spielen oder, noch schlimmer, nebenan das Baby schreit.

Das kann zu dem Wunsch führen, so schnell wie möglich aus diesem Leben auszubrechen und aus dem fahrenden Zug zu springen, auch wenn nicht klar ist, wie weich die Landung wird und wo es danach zum nächsten Bahnhof geht. Vorausschauende Planung hat sich seit der Pandemie ohnehin als Makulatur erwiesen. Warum also zögern und vor dem Absprung erst noch den nächsten Schritt planen? Erfolg heißt heute auch, sich die Freiheit nehmen zu können, eine Zeitlang ohne Job zu leben.

Ein neues Verständnis von Erfolg und Karriere

Der Mindset-Wandel zeigt den Wunsch nach mehr Selbstbestimmung bei der Gestaltung der eigenen Karriere. Kaum jemand bleibt heute noch sein ganzes Berufsleben lang in einem Unternehmen. Die Bereitschaft, sich Richtung und Tempo der eigenen beruflichen Entwicklung durch starre Hierarchiestufen einer Firma vorgeben zu lassen, nimmt ab. Wo bisher der geradlinige Aufstieg das Maß für eine gelungene Karriere war, vorgegebene Karrierestufen abzuhaken waren und Unterbrechungen als *Karriereknick* interpretiert wurden, wird es nach und nach salonfähig, scheinbar unzusammenhängende Erfahrungen in Form unterschiedlicher beruflicher Episoden zu sammeln. Diese werden erst rückblickend zu einer Story verbunden und verleihen dem eigenen Weg ex post so einen Sinn. Karriere heißt heute *freies Malen* statt *Malen nach Zahlen.*

So entstehen neue Karrierebilder mit überraschenden Wendungen, Happy End inbegriffen. Steve Jobs hat das in seiner berühmten Stanford-Rede 2005 als »Connecting the dots« beschrieben. Und er ist nicht das einzige

Beispiel, das zeigt, wie sich trotz vermeintlicher Brüche im Lebenslauf eine große Erfolgsgeschichte ergeben kann. Der Lebenslauf mit Brüchen kann heute sogar ein Vorteil sein. So wurde beispielsweise ein ehemaliger Kollege von mir, der seine Karriere bewusst abbrach, ein Start-up gründete, es erfolgreich verkaufte und sich danach ein Jahr lang nur um seine Familie kümmerte, schließlich Vorstandsmitglied in einem großen Handelskonzern. Manch einer mit einem geradlinigen »Musterlebenslauf« wartet möglicherweise noch heute auf solch ein Angebot. Karrieren verlaufen heute anders. Persönlicher Erfolg heißt heute vor allem Entfaltung. Brüche und Erfolgspausen gehören dazu.

Wenn der Erfolg plötzlich Pause macht

»Deine Entwicklung erfolgt in drei Stufen«, sagte mir ein sehr erfahrener Coach und Trainer einmal und bezog sich dabei auf ein Führungsmodell, das unter anderem GE populär gemacht hatte (Charan 2001). »Du lernst dich selbst zu führen, andere zu führen und die Organisation zu führen. Was glaubst du, ist die schwerste Stufe?«, fragte mich jener Coach. »Die dritte«, antwortete ich und dachte dabei daran, wie schwer es sein musste, eine große Organisation mit vielen Menschen zu führen.

»Es ist die erste Stufe«, sagte er. »Denn um dich selbst führen zu können, musst du erst verstehen, wer du bist und wer du nicht bist. Manche schaffen diese Stufe ihr ganzes Leben lang nicht, auch wenn sie schon eine große Organisation führen.«

»Erkenne dich selbst« stand nicht ohne Grund über dem Orakel von Delphi. Und vielleicht ist das heute noch wichtiger als vor über 2.000 Jahren. Denn wenn persönlicher Erfolg über Erfüllung, Entfaltung und Selbstverwirklichung definiert wird und wir damit mehr Verantwortung für unsere eigene berufliche Entwicklung übernehmen, ist es wichtig zu verstehen, wer wir sind und wer wir nicht sind. Ob ich mich mit einem eCar-Start-up selbstständig machen soll, um der deutsche Elon Musk zu werden, oder besser meine Karriere als Angestellter im Konzern fortsetze, hängt auch von meiner Persönlichkeitsstruktur ab. Und um endlich »mein Ding« zu finden und so etwas wie berufliche Erfüllung zu spüren, sollte ich mir erst einmal bewusst darüber werden, was mich jeden Morgen aus dem Bett springen lässt, welche Tätigkeiten ich im Schlaf beherrsche, worum ich lieber einen großen Bogen mache, wann ich mir selbst mal in den H… treten muss und wann ich es mit der Arbeit übertreibe und eigentlich Ruhe brauche. Kurz: Um uns selbst managen zu können, müssen wir uns selbst viel besser kennenlernen. Und dieser Lernprozess verläuft nicht linear. Er verläuft in Zyklen.

Betriebskurve für den persönlichen Erfolgsmotor

Wir betreten die Arbeitswelt mit vielen Ambitionen, Hoffnungen, Ängsten und Illusionen, aber mit vergleichsweise wenig Informationen über uns selbst. Niemand gibt uns ein Handbuch, in dem wir nachschlagen können, was zu tun ist, falls es nicht so gut läuft. Dieses Handbuch müssen wir uns im Laufe der Zeit selbst zusammenstellen. Bei jeder Karrierestation sammeln wir nicht nur fachliche Expertise und Erfahrung, wir lernen auch, welche Talente wir haben, was uns motiviert und was uns wichtig ist, aber auch, was wir nicht können. Dieser Lernprozess wird häufig in Form einer S-Kurve beschrieben, wie zum Beispiel in dem Buch *Disrupt Yourself* der US-amerikanischen Autorin Whitney Johnson (Johnson 2019), aber bereits auch schon vor 30 Jahren in den *100 Gesetzen erfolgreicher Karriereplanung*. Die S-Kurve beschreibt gleichzeitig den Verlauf unserer Karriere, denn in dem Maß, ich dem wir Expertise aufbauen und etwas über uns selbst lernen, stellt sich auch der Erfolg ein.

Zunächst verläuft die Kurve flach. Wir müssen uns in einer neuen Karrierephase erst orientieren, lernen nur langsam, und es stellen sich nur kleine Erfolge ein. Nach einer Weile erreichen wir den sogenannten Tipping Point (Gladwell 2001), der einen Durchbruch markiert. Wir haben jetzt verstanden, wie der Job funktioniert, und in uns neue Talente und Stärken entdeckt. Der Erfolgsmotor kommt auf Touren, es geht jetzt steil nach oben. Typischerweise werden wir in dieser Phase auch ein hohes Maß an persönlicher Erfüllung erfahren. Irgendwann erreichen wir den Wendepunkt. Die Lernkurve flacht langsam wieder ab, Routine schleicht sich ein, und manchmal wird es sogar etwas langweilig. Irgendwann erreichen wir den Scheitelpunkt. Erfolge stagnieren, jeder Tag fühlt sich wie der andere an, es macht nicht mehr richtig Spaß. Es wird Zeit für die nächste Station, der nächste Karrierezyklus beginnt. Mit jedem Zyklus lernen wir mehr über uns selbst. Indem wir viele Zyklen aneinanderreihen, auch einmal mit einer Pause zwischendurch, gelingt ein erfülltes Berufsleben.

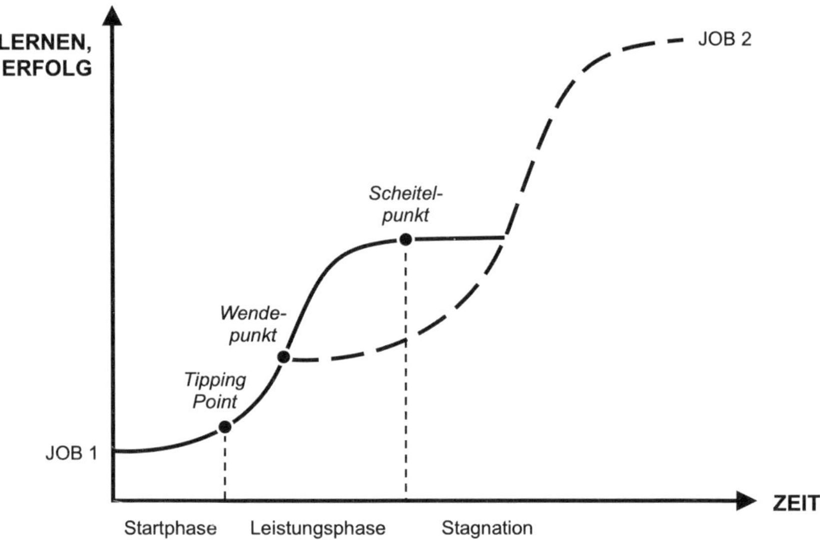

Der Karrierezyklus

Die S-Kurve zeigt quasi das Betriebsverhalten unseres persönlichen Erfolgsmotors. Ähnlich wie beim Autofahren sollten wir beim Umschalten von einer Karrierestation zur nächsten nicht einfach den nächsten Gang mit Gewalt einlegen, ohne zu kuppeln, und auch nicht versuchen, vom ersten gleich in den vierten Gang zu schalten. Dann besteht nämlich die Gefahr, den Erfolgsmotor abzuwürgen. Stattdessen gilt es, den Übergang weich zu gestalten und langsam in die nächste berufliche Phase hineinzugleiten und »hochzuschalten«. In der Praxis heißt das, dass wir den Wechsel gedanklich bereits dann einleiten, wenn wir uns im Wendepunkt befinden, wenn alles richtig gut läuft, aber wir intuitiv spüren, dass wir bald für den nächsten Schritt bereit sind. Dann haben wir ausreichend Energie und Motivation, um über die Zukunft nachzudenken, und genug Zeit, um uns frühzeitig vorzubereiten und für die nächste Phase zu qualifizieren. Das Hochschalten erfolgt dann ohne lästige Störgeräusche. Wir kennen das aus den Vorstandsetagen. Hier laufen sich Nachfolgekandidaten für die CEO-Position häufig über ein Jahr lang warm, bevor sie die Spitzenposition übernehmen.

Soweit die Theorie und die Erfolgsbeispiele. In der Praxis kann es aber doch auch Probleme geben. Das weiß ich nicht nur von meinen Kunden, sondern auch aus eigener Erfahrung.

Wenn der Erfolgsmotor stottert

Um es vorwegzusagen: Ich habe keinen Grund, mich zu beklagen. In meiner Karriere lief es meistens rund, mein persönlicher Erfolgsmotor zeigte über weite Strecken das beschriebene Betriebsverhalten. Allerdings bin ich an Punkte gekommen, an denen es auf einmal nicht mehr weiterging. Die alten Erfolgsrezepte versagten dann plötzlich. Das Geschäft lief nicht wie erhofft, ich hatte das Gefühl, die in mich gesteckten Erwartungen nicht zu erfüllen, machte mir selbst immer mehr Druck und arbeitete immer länger. Aber was ich auch versuchte, der Erfolg wollte sich erst mal nicht wieder einstellen. Mein Erfolgsmotor stotterte, ich hing auf der Erfolgskurve fest. Meistens passierte das, wenn ich gerade einen Karrieresprung gemacht hatte, beim Hochschalten quasi, um in unserem Bild zu bleiben. Ich musste dann einen inneren Schritt machen, um ihn wieder anzuwerfen. Hatte ich den Motor falsch bedient?

Und es gab auch noch die anderen Momente. Da lief eigentlich alles gut und ich hätte zufrieden sein sollen. Wenn da nicht das Gefühl gewesen wäre, in der falschen Richtung unterwegs zu sein. Auch das fühlte sich zunächst so an, als ob der Erfolg eine Pause machen würde. Aber das war eine Täuschung. Je länger ich nachdachte, desto mehr wurde mir bewusst, dass ich begonnen hatte, Erfolg für mich persönlich anders zu definieren. Meine Werte hatten sich verschoben. Andere Dinge in meinem Leben wurden wichtig. Mathematisch ausgedrückt, hatte sich die Achsendefinition der S-Kurve verändert. Ich war plötzlich auf einer neuen Kurve gelandet. Und was sich wie eine Erfolgspause angefühlt hatte, war in Wahrheit ein Neubeginn. Es schien zwei unterschiedliche Auslöser für diese Verschiebung zu geben: einschneidende Erlebnisse und die Gelegenheit, längere Zeit innezuhalten und nachzudenken. »Wenn der Geist ruhig ist, wird die Welt wahr«, hat mir dazu einmal ein Zen-Meister gesagt. »Unerwartetes Betriebsverhalten«, würde der Mechaniker sagen. Wieder falsche Bedienung?

Der Blick unter die Haube

Beim »Blick unter die Haube« in den Gesprächen mit meinen Coachingkunden ging mir dann irgendwann ein Licht auf. Viele kamen mit den gleichen Problemen, mit denen ich schon gekämpft hatte. Die Erfolgsmotoren schienen alle an der gleichen Stelle zu stottern. Es waren eindeutig Muster zu erkennen. Also doch keine falsche Bedienung, sondern Serienfehler! Es sind vor allem sechs Ursachen, die den Erfolgsmotor zum Stottern bringen können, als Karriere-Stopper fungieren und mir in meinen Gesprächen mit Kunden immer wieder begegnen:

Ursache 1: Mangelnde Fähigkeit, die eigenen Ressourcen zu managen
Ursache 2: Blinde Flecken und Unkenntnis eigener Antriebskräfte
Ursache 3: Unvermögen, alte Erfolgsmuster loszulassen
Ursache 4: Unfähigkeit, sich neue Gewohnheiten anzueignen
Ursache 5: Scheu, sich rechtzeitig neu zu erfinden
Ursache 6: Naivität im Umgang mit dem Neustart nach einer Pause

Ursache 1: Mangelnde Fähigkeit, die eigenen Ressourcen zu managen

Wenn wir einen Motor dauerhaft hochtourig fahren, wird er heiß und gibt früher oder später den Geist auf. Das ist in unserer Karriere nicht anders. Wer nicht bereits mit 30 einen Burn-out erleben möchte, sollte schonend mit den eigenen Ressourcen umgehen. Leider überschätzen wir uns häufig. Wir fahren über lange Strecken mit Vollgas, ohne Pausen einzulegen, ignorieren die Warnlampe und wundern uns dann, wenn plötzlich der Motor streikt.

Ursache 2: Blinde Flecken und Unkenntnis eigener Antriebskräfte

Es gibt zwei Geschichten, die über uns erzählt werden. Die Geschichte, die wir uns selbst über uns erzählen, und die Geschichte, die andere über uns erzählen. Sofern wir ehrliches Feedback bekommen und bereit sind, es anzunehmen, können wir beide Geschichten abgleichen, blinde Flecken beseitigen und dazulernen. Ansonsten besteht die Gefahr des Misserfolgs. Schlimmer noch, wir können uns den Misserfolg dann nicht einmal erklären. Es gibt aber auch Situationen, in denen es uns nicht gelingt, das

Feedback umzusetzen. Dann müssen wir etwas tiefer in den eigenen »Motorraum« schauen, um die verdeckten Antriebskräfte zu verstehen. Denn hier liegt häufig die Ursache für ein Problem. Ohne diese Kenntnis kämpfen wir gegen ein Phantom.

Ursache 3: Unvermögen, alte Erfolgsmuster loszulassen

Erfolg kann blind machen. Wenn wir erfolgreich sind, steigen wir auf. Es liegt nahe, dass wir dann so weitermachen wie bisher und unseren Erfolgsprinzipien treu bleiben. Die Gefahr dabei ist, überheblich zu werden und jede Kritik auszublenden, denn der bisherige Erfolg scheint uns recht zu geben. Bis wir schließlich abstürzen wie Ikarus, der der Sonne zu nahe kam. Um das zu vermeiden, müssen wir uns in jeder neuen Karrierephase hinterfragen und Gewohnheiten und Prinzipien zurücklassen, die uns bisher erfolgreich gemacht haben. Denn nur so können wir uns für Neues öffnen. Das ist ein Paradox und daher nicht leicht zu erkennen und umzusetzen.

Ursache 4: Unfähigkeit, sich neue Gewohnheiten anzueignen

So wie wir beim Auto abgenutzte und defekte Teile austauschen, müssen wir uns von Zeit zu Zeit neue Fähigkeiten und Gewohnheiten aneignen. Die alten sind einfach abgenutzt. Wir müssen uns weiterentwickeln. Das ist häufig gar nicht so leicht, denn guter Wille allein reicht nicht. Leider tappen wir dabei immer wieder in die gleiche Falle. Wir nehmen uns etwas vor, zum Beispiel öfter mit unseren Mitarbeitern zu sprechen oder Kunden anzurufen, halten es zwei Wochen durch und finden dann eine Ausrede nach der nächsten, bis der gute Vorsatz schließlich in Vergessenheit gerät. Um neue Gewohnheiten dauerhaft zu etablieren, müssen wir sie »festziehen« wie die Muttern nach dem Radwechsel am Auto, sonst »fallen« sie wieder ab.

Ursache 5: Scheu, sich rechtzeitig neu zu erfinden

Viel Arbeit, viel Erfolg. Unser Gehirn liebt Systeme, die sich linear verhalten und in denen Ursache und Wirkung unmittelbar verknüpft sind. Aber wir tun uns schwer damit, wenn es komplizierter wird und sich das System nicht mehr linear verhält, wie etwa bei der S-förmig verlaufenden Erfolgskurve. In der steilen Anstiegsphase ist es nur schwer einzusehen, dass diese Kurve bald abflachen wird. Warum sich mit Gedanken an die nächste Phase ablenken, wo es doch so gut läuft? Wer weiß, vielleicht wird das nächste Jahr sogar noch besser! Zwar gibt es manchmal das Gefühl der inneren Leere, aber sich neu erfinden? Was sollte das sein? Der Job passt doch immer noch gut. Und Familie, Freunde und Kollegen sehen das übrigens auch so ... Und so zögern und zaudern wir, bis wir schließlich unser eigenes Verfallsdatum verpassen.

Ursache 6: Naivität im Umgang mit dem Neustart nach einer Pause

Es gibt Zeiten, da pausiert der Erfolg, weil wir tatsächlich eine Pause machen, zum Beispiel im Rahmen einer beruflichen Auszeit oder weil wir unseren Job verloren haben. Vielleicht aber auch, weil wir in der dritten Lebensphase, nach dem Ende der aktiven Karriere, einmal kurz anhalten, um danach noch mal durchzustarten. Nach einer Pause auf die Erfolgsspur zurückzukommen kann eine Kraftanstrengung sein, die nicht zu unterschätzen ist. Denn höchstwahrscheinlich hat niemand auf uns gewartet, die Welt hat sich auch ohne uns weitergedreht, nur unser Motor ist inzwischen stehen geblieben. Jetzt müssen wir ihn erst wieder anwerfen wie ein tonnenschweres Schwungrad. Und das kann mehr Kraft kosten als erwartet.

Reparaturanleitung für den Notfall

Was ist zu tun, wenn der Erfolg plötzlich Pause macht? Die pauschale Antwort lautet: Loslassen! Und zwar auch das, was uns in der Vergangenheit erfolgreich gemacht hat. Der gedankenlose Umgang mit unseren eigenen Ressourcen: Schluss damit! Die feste Überzeugung, dass wir uns selbst gut kennen: eine Illusion, weg damit! Unsere alten Erfolgsrezepte: abgelaufen, wegwerfen! Die Überzeugung, dass wir mit reiner Willenskraft alles erreichen können: einfach lächerlich, aufwachen! Die berufliche Identität: ein Auslaufmodel, in die Altkleidersammlung damit! Der Glaube, dass es ohne uns nicht geht: ziemlich arrogant – also bitte aufgeben und kleine Brötchen backen! Und wie lässt sich das jetzt in die Praxis umsetzen? Dazu möchte ich Ihnen eine Geschichte erzählen.

Ausflug ins Grüne

Stellen Sie sich vor, Sie sind mit Ihrem Auto an einem heißen Sommertag unterwegs zu einem Picknick. Es könnte ein schöner Tag werden. Plötzlich macht der Motor seltsame Geräusche und eine Warnlampe springt an. Sie *halten erst mal an*, bewahren einen klaren Kopf und öffnen die Motorhaube. Sie fragen sich, ob die Geräusche das Problem sind oder nur die Folge des Problems. Es ist gar nicht so leicht, Ursache und Wirkung zu *entkoppeln*. Leider muss der Wagen abgeschleppt werden. Mit dem Picknick wird es nichts.

In der Werkstatt wird zunächst das alte, längst verbrauchte Öl abgelassen und *entsorgt*. Leider müssen auch abgenutzte Verschleißteile *ersetzt* werden. Die Probleme häufen sich in letzter Zeit. Sie spielen daher mit dem Gedanken an einen Neuwagen und *erproben* in den folgenden Wochen diverse Modelle. Ein Wagen gefällt Ihnen besonders gut, aber ein Modellwechsel? Sie zögern. Sie wollen sich etwas Zeit geben. Dann der Schock: In den folgenden Wochen gibt Ihr alter Wagen leider endgültig den Geist auf. Verärgert entscheiden Sie sich, ab jetzt ohne Wagen zu leben.

Fast ein Jahr lang geht das gut, aber dann merken Sie, dass Ihnen etwas fehlt. Es ist doch unpraktisch so ganz ohne Auto. Also entschließen Sie sich zum Neukauf. Aber als Sie sich wieder ans Steuer setzen und nach der langen Pause *erneut starten*, stellen Sie überrascht fest, dass Sie sich erst mal wieder ans Fahren gewöhnen müssen. Auch muss der neue Wagen noch eingefahren werden. Schließlich kommen Sie und Ihr neuer Wagen richtig in Schwung. Und auf einer wunderbaren Allee fahren Sie endlich zu Ihrem Picknick. Vergessen sind alle Probleme. Happy End.

Und was hat das jetzt mit Ihrer Karriere und Ihrem Erfolg zu tun? Sie werden es kaum glauben, hier verhält es sich ganz ähnlich. Sobald Ihr Erfolgsmotor stottert, können Sie wie gerade in der kleinen Geschichte beschrieben vorgehen:

- Erst mal anhalten: Alarmsignale erkennen und handeln
- Entkoppeln: Ursache und Wirkung verstehen
- Entsorgen: Veraltete Verhaltensmuster ablegen
- Ersetzen: Neue Gewohnheiten annehmen
- Erproben: Mit neuen Identitäten experimentieren
- Erneut starten: Nach einer Pause wieder in Schwung kommen

Genau darum geht es in diesem Buch. Es ist eine Art Reparaturanleitung und wird Ihnen hoffentlich helfen, auf Ihre persönliche Erfolgsspur zurückzukommen. Sollte Ihr »Erfolgsmotor« also irgendwann stottern, denken Sie immer an den »Ausflug ins Grüne«. Dann werden Ihnen die richtigen Schritte schon einfallen.

Gebrauchsinformation für Anwender

Ich möchte dieses Buch mit einem kleinen »Beipackzettel« ausstatten. Das Buch ist aus der Praxis entstanden und für die Praxis geschrieben. Es richtet sich an Menschen, die in ihrer Karriere an einem wichtigen Wendepunkt stehen, an dem es scheinbar nicht weitergeht, und die spüren, dass sie jetzt einen persönlichen Entwicklungsschritt machen müssen.

Das können jene sein, die den formalen Sprung in den Vorstand, in die Geschäftsführung oder zum Partner einer Professional-Services-Firma bereits geschafft haben und an der Spitze stehen, aber innerlich noch nicht in ihrer Rolle angekommen sind. Das Buch soll aber auch diejenigen ansprechen, die auf dem Weg an die Spitze sind, zum ersten Mal Führungsverantwortung übernommen haben und dabei viel über sich selbst lernen. Und vielleicht ist das Buch auch interessant für Gründerinnen und Gründer, die sich mit ihrem Unternehmen auf dem erhofften Wachstumspfad bewegen, aber plötzlich Selbstzweifel haben und an ihre persönlichen Grenzen stoßen. Um es kurz zu sagen:

!

Das Buch richtet sich an Führungskräfte, die in eine Coaching-Session kommen würden, die Fragen haben und auf der Suche nach Klarheit sind. Ich bin mir sicher, dass sie beim Lesen erste Antworten finden werden.

Ich benutze bei diesem Buch das Auto als Metapher. Nicht etwa, weil ich das Buch nur für Männer schreiben wollte. Frauen verstehen ebenso etwas von Autos. Das Buch ist für Männer und Frauen gedacht. Auch wollte ich mit der Metapher nicht zum Ausdruck bringen, dass ich ein großer Fan von Verbrennungsmotoren bin. Im Gegenteil. Mir erschien diese Metapher einfach passend, weil die Mehrheit von uns noch Autos mit Verbrennungsmotoren fährt und die typischen Probleme kennt. Und darum geht es ja bei einer Metapher: Sie soll uns helfen, abstrakte Konzepte besser zu verstehen. Hier kam der Ingenieur in mir durch.

Das Buch ist eine »Reparaturanleitung« und erhebt nicht den Anspruch, eine wissenschaftliche Abhandlung zu sein. Es basiert auf den Erfahrungen aus meiner Karriere und auf meiner Arbeit als Coach. Es geht um erprobte Konzepte, die sich in der Praxis bewährt haben, um auf die Erfolgsspur zurückzukommen. Wo ich es passend fand, habe ich Forschungsergebnisse ergänzt, um die Wirksamkeit der Methoden und Werkzeuge zu untermauern. Ich erhebe aber keinen Anspruch auf Vollständigkeit meiner Thesen. Im Gegenteil, ich freue mich über jeden sachdienlichen Hinweis, der zum Aufspüren weiterer Karriere-Stopper führt.

Abschließend noch zwei Hinweise, zunächst zum Thema Vertraulichkeit: Es ging mir darum, ein lebendiges Buch zu schreiben, mit Beispielen und Fallstudien aus dem wahren Leben. Ich habe mich entschieden, viele Beispiele aus meiner eigenen Karriere zu benutzen, denn hier stellt sich nicht die Frage der Vertraulichkeit. Ich kann selbst entscheiden, was ich von meinen Erfahrungen preisgebe und was nicht. Sofern es aber um meine Kunden geht, verhält sich das anders. Um die Vertraulichkeit zu wahren, habe ich Namen, Ereignisse und Details so abgewandelt, dass keiner meiner Kunden identifiziert werden kann und sich hoffentlich dennoch viele Leser darin wiedererkennen.

Der zweite Hinweis ist: Aus Gründen der besseren Lesbarkeit verzichte ich in den meisten Fällen auf geschlechtsbezogene Formulierungen. Selbstverständlich sind immer Frauen und Männer gemeint, auch wenn explizit nur eines der Geschlechter angesprochen wird.

Viel Spaß beim Lesen!

REPARATUR-ANLEITUNG, TEIL 1

ERKENNEN UND BESEITIGEN

Warum alte Erfolgsrezepte plötzlich nicht mehr funktionieren
... und warum Fragen dann wichtiger sind als Antworten

Erst mal anhalten: Alarmsignale erkennen und handeln

> »*Wenn auf einmal die eher unscheinbare Warnlampe aufleuchtet, sollten bei Ihnen sämtliche Alarmglocken angehen! Halten Sie Ihr Fahrzeug, sofern gefahrlos möglich, umgehend an und schalten Sie den Motor ab.*«
>
> AUTOFAHRERSEITE.EU 2022

Vielleicht kennen Sie das: Sie sind in Ihrem Wagen unterwegs und plötzlich leuchtet eine Warnlampe auf, mit dem Motor stimmt etwas nicht. Natürlich werden Sie jetzt nicht weiter beschleunigen, sondern erst mal rechts ranfahren und den Wagen anhalten. Im Berufsleben ist das nicht anders. Hier lauert Karriere-Stopper Nr. 1: die mangelnde Fähigkeit, die eigenen Ressourcen zu managen. Wenn also Ihre innere Warnlampe leuchtet, heißt es erst mal runterzuschalten, zum Stehen zu kommen und einen kühlen Kopf zu bewahren. Mit etwas Abstand lässt sich die Situation besser beurteilen. Hier ist die Geschichte von Sarah.

Fallstudie: Sarah

Es ist Freitagvormittag, ein klarer Herbsttag im Oktober. Ich treffe Sarah in ihrem modernen Büro mit weitem Blick über das Werksgelände. Sarah ist verantwortlich für den Bereich »Qualität« bei einem großen Spezialmaschinenhersteller.

Sarahs Ausgangssituation

Sarah hat Maschinenbau studiert und summa cum laude promoviert. Sarah ist Anfang 30 und seit fünf Jahren im Unternehmen. Es war für sie nicht immer leicht, sich in der männerdominierten Unternehmenskultur durchzusetzen. Aber das kennt sie schon aus ihrem Studium. Sie ist ihrem Interesse gefolgt und hat sich bewusst für eine technische Studienrichtung entschieden. Es liegt in der Familie, ihr Vater war auch Ingenieur.

Sarah ist eine Idealbesetzung für den Bereich »Qualität«. Sie ist nicht nur analytisch sehr stark, ihre Kollegen sagen ihr eine geradezu magische Fähigkeit nach, Problemursachen aufzuspüren. Sie hat eine Vorzeigekarriere im Unternehmen hingelegt und hat seit zwei Jahren die weltweite Verantwortung für diesen Bereich übernommen. Es ist schwer, Termine mit ihr zu vereinbaren, ihr Kalender ist hoffnungslos überfüllt. Wir treffen uns heute zum zweiten Coachinggespräch.

Das Coachinggespräch beginnt

»Entschuldigen Sie bitte«, sagt sie nach unserer Begrüßung. »Heute ist nicht mein bester Tag. Ich habe die letzten Nächte kaum geschlafen. Im Moment häufen sich die Probleme. Ich hatte schon überlegt, unseren Termin nochmals zu verschieben, aber dann schaffen wir es überhaupt nicht mehr.«

»Was ist passiert?«, frage ich interessiert.

»Maschinenschaden auf einer Baustelle, Ursache ungeklärt. Alle schauen natürlich in meine Richtung. Mit Recht. So etwas darf bei unserem Qualitätsanspruch nicht passieren. Ich arbeite Tag und Nacht an dem Thema.«

»Klingt so, als wenn Sie das Thema zu Ihrer persönlichen Chefsache gemacht haben.«

»Das stimmt, denn hier geht's um meinen Anspruch an mich selbst und an meinen Bereich. Es gibt immer wieder Schwierigkeiten mit der neuen Maschinenserie und wir finden bisher die Ursache des Problems nicht. Darüber spricht inzwischen die halbe Firma. Ich werde das Gefühl nicht los, dass mich einige meiner Kollegen aus dem Führungskreis bei diesem Thema bereits abgeschrieben haben«, sagt sie.

»Haben Ihre Kollegen Sie dazu angesprochen?«

»Nein, aber ich kann es an ihren Gesichtern ablesen.«

»Verstehe, das ist es, was Sie zu sehen glauben. Und was hören Sie?«, will ich wissen.

»Ich spreche regelmäßig mit dem Personalvorstand. Sie ist meine Mentorin und betont immer wieder, wie sehr mich alle angeblich schätzen. Aus ihrer Sicht bin ich die Einzige, die bei den Problemen mit der neuen Serie noch den Überblick hat.«

»Aber das sollte Sie doch beruhigen«, werfe ich ein.

»Vielleicht sind das auch nur Beruhigungspillen und irgendwann wird mir die Rechnung präsentiert. Bei mir ist eine innere Alarmlampe angesprungen, irgendetwas stimmt nicht mehr.«

»Wie meinen Sie das?«

»Es ist verrückt. In manchen Momenten glaube ich an mich und bin überzeugt, dass ich das hier alles schaffen werde. Dann gibt es wieder Momente, in denen ich glaube, dass ich gar nicht die Richtige für diese Position bin. Ich fange an, mir selbst immer weniger zu vertrauen, und treibe mich deshalb umso mehr an. Die Arbeit frisst mich inzwischen auf.«

»Interessant«, sage ich. »Das klingt nach zwei Personen. Eine, die jede Nacht durcharbeitet und an sich zweifelt, und eine andere, die antreibt und nicht vertraut. Oder, um es anders zu sagen: Sie gehen nicht gerade zimperlich mit sich selbst um.«

»Manchmal habe ich tatsächlich das Gefühl, als wenn es verschiedene Personen in mir gibt«, antwortet sie nachdenklich.

»Wenn bei Ihnen schon eine Alarmlampe angesprungen ist, sollten Sie vielleicht erst mal runterschalten, sonst haben Sie bald den nächsten Schaden, nur dass es dann keine Maschine, sondern Ihr Körper ist. Wie viel Pausen gönnen Sie sich denn?«, frage ich neugierig.

»Für Pausen habe ich im Moment keine Zeit«, entgegnet sie leicht erschöpft. »Wo sollte ich die Zeit auch hernehmen? Hier herrscht gerade der Ausnahmezustand!«

Pausen für sich selbst einplanen

Wir gehen zu ihrem Computer und schauen uns gemeinsam ihren Kalender an. Er sieht aus wie ein Flickenteppich. Ein Termin folgt auf den nächsten. Ihr Tag scheint nur aus Besprechungen zu bestehen. Für sich selbst hat Sarah nicht mal 30 Minuten am Tag.

»Lassen Sie uns für einen Augenblick das Tagesgeschäft vergessen«, sage ich. »Beschreiben Sie stattdessen, wie Ihr Leben in zehn Jahren aussehen wird.«

Sarah denkt kurz nach. »Ich bin erfolgreich in meinem Job, habe eine Familie, engagiere mich nebenbei gesellschaftlich und habe Zeit, auch mal wieder etwas Verrücktes zu machen.« Als sie das sagt, wirkt sie plötzlich viel lebendiger.

»Machen Sie es noch etwas konkreter«, bitte ich sie.

»Ich habe in unserer Firma etwas Neues aufgebaut, ich habe Kinder, ich bin Teil eines Netzwerks, das Frauen in technischen Berufen fördert und …«, sie überlegt kurz, »ich habe Wellenreiten gelernt. Ich habe das Meer und die Wellen schon immer geliebt und bei den ganzen Problemwellen, die wir hier haben, wäre es vielleicht nicht schlecht, wenn ich surfen könnte«, sagt sie lachend.

»Prima. Und wo kommen diese Träume in Ihrem heutigen Leben vor?«

»So gut wie gar nicht«, entgegnet Sarah nachdenklich.

»Dann brauchen Sie eine Strategie in eigener Sache, denn sonst werden Ihre Batterien bald leer sein. Wie wäre es für den Anfang zum Beispiel mit einer Auszeit von zwei Stunden pro Woche? Diese Zeit gehört nur Ihnen. Am besten nutzen Sie diese Zeit zur persönlichen Reflexion und um aus Ihren Träumen konkrete Ziele zu machen, an denen Sie arbeiten können und die auch in Ihrem Kalender vorkommen. Zusätzlich gönnen Sie sich etwas mehr Schlaf. Wie klingt das?«

Die ersten Fortschritte

In den darauffolgenden Wochen arbeiten wir an Sarahs Wochenplan. Sie priorisiert anders, um sich damit Freiraum für strategisch wichtige Themen und für sich selbst zu schaffen. Sie nimmt nicht mehr an jeder Besprechung teil, delegiert deutlich mehr und lernt, »Nein« zu sagen. Sie macht regelmäßig Pausen, beginnt den Tag wieder mit Yoga wie früher als Studentin und plant wöchentliche Auszeiten ein, die sie ihrer persönlichen Strategie widmet. Sie hat mit einer Freundin vereinbart, dass sie sich anrufen, um sich gegenseitig an ihre geplanten Auszeiten zu erinnern. Schritt für Schritt gewinnt sie ihre alte Energie zurück.

Der Durchbruch

Ein paar Wochen später klingelt Freitagabend mein Telefon. »Ich hoffe, Sie sind noch nicht im Wochenende«, höre ich Sarahs Stimme. »Ich muss Sie kurz sprechen.«

»Immer gern«, antworte ich.

»Ich habe es von Anfang an gewusst«, sagt sie. »Ich hätte meinem Bauchgefühl vertrauen sollen.«

»Was meinen Sie?«, frage ich neugierig.

»Wir haben den Fehler bei der neuen Maschinenserie gefunden. Es lag an der Gehäusekonstruktion. Wir haben eine Schweißkonstruktion verwendet, da wir die Gussteile aus Osteuropa nicht mehr bekommen. Das hat zu Schwingungsproblemen beim Startvorgang der Maschine geführt. Ich hatte die ganze Zeit so eine Ahnung. Aber ich habe mich viel zu tief in die Details reinziehen lassen und meinem Bauchgefühl nicht mehr vertraut. Damit hätte ich uns viel Ärger und Zeit ersparen können. Egal, das Problem ist jetzt gelöst.«

»Glückwunsch, vielleicht haben Sie tatsächlich magische Fähigkeiten, wie Ihre Kollegen glauben«, antworte ich lachend.

»Das ist aber nicht der Grund, warum ich Sie am Freitagabend anrufe. Ich muss leider kurzfristig unseren Coachingtermin für die kommende Woche absagen.«

»Ein neues Maschinenproblem?«, frage ich.

»Nein. Ich gönne mir eine kleine Belohnung. Ich nehme ein paar Tage Urlaub und …«, sie stockt kurz.

»Und was?«, frage ich gespannt.

»Sie werden es nicht glauben, ich lerne Kitesurfen. Ich habe mich spontan entschieden, an einem Kurs teilzunehmen. Ich freue mich richtig drauf, danach kann mich nichts mehr umpusten«, sagt sie lachend.

»Dann bin ich schon gespannt, was Sie berichten werden«, sage ich. Wir wollen uns in drei Wochen zur nächsten Coachingsitzung treffen.

Was Sie von Sarah lernen können

▶ *Lassen Sie sich nicht vom Erfolg verführen, bleiben Sie aufmerksam*

Sarahs Talent und ihr Durchsetzungswille verhalfen ihr zur frühzeitigen Übernahme einer verantwortungsvollen Führungsposition. Dadurch, dass sie sich nur noch über ihren Erfolg definierte, war ihre persönliche Krise vorprogrammiert. Denn als der Erfolg ausblieb, brach ihr Selbstbild in sich zusammen. Sie bezog diesen Misserfolg auf sich selbst. Sie zeigte das klassische Bild eines »Insecure Overachievers«: Alle glaubten an sie, nur sie selbst nicht. Sarah hatte aufgehört, sich selbst zu vertrauen, und somit eine ihrer Stärken verloren: ihre Intuition. Der Drang, sich selbst bis an die Schmerzgrenze anzutreiben und die Unfähigkeit, »Nein« zu sagen, hätten sie fast in den Burn-out geführt.

▶ *Hören Sie auf die inneren Alarmsignale*

Sarah spürte innerlich, dass etwas nicht mehr stimmte. Eine innere Warnlampe war angesprungen und sie nahm dieses Signal äußerst ernst. Indem sie sich mit ihren langfristigen Träumen beschäftigte, verließ sie den mentalen Kampf-oder-Flucht-Modus des Tagesgeschäfts und versetzte sich in einen positiven Gemütszustand. Erst so konnte sie erkennen, dass sie in der falschen Richtung unterwegs war, und eine Kurskorrektur einleiten. Die gedankliche Auseinandersetzung mit ihren langfristigen Zielen gab ihr neue Motivation und Energie.

▶ *Managen Sie vor allem Ihre Energie, gönnen Sie sich Auszeiten*
Sarahs Kalender war hoffnungslos überfüllt, weil sie nur damit beschäftigt war, ihre eigenen hohen Erwartungen und die Erwartungen anderer zu erfüllen. Entsprechend definierte sie ihr Problem als Zeitproblem. Tatsächlich hatte sie jedoch ein Energieproblem. Ihre Reserven waren nahezu aufgebraucht. Um das zu erkennen, benötigte sie Distanz und musste lernen, »Nein« zu sagen. Indem sie sich regelmäßige Ladezeiten für ihre Akkus gönnte und sich über Yoga wieder mehr mit ihrem Körper beschäftigte, kamen ihre Energie und ihre Intuition zurück und damit ihre Fähigkeit, das Problem zu lösen. Geschickt nutzte sie dabei die Unterstützung durch eine Freundin, um ihre Vorsätze fest zu verankern. Dass sie sich selbst mit einem Kite-Kurs für ihren Erfolg belohnte und nicht in das alte Verhalten zurückfiel, zeigt, dass bei ihr ein Perspektivenwechsel begonnen hatte.

… und wie es mit Sarah weiterging, erfahren Sie am Ende dieses Kapitels.

Von Alarmsignalen, Auszeiten und Aufmerksamkeit

Führungskräfte müssen sich selbst führen können. Sie müssen in der Lage sein, ihre Gefühle zu lesen und zu interpretieren, um rechtzeitig innere Alarmsignale zu erkennen. Sie sollten schonend mit ihren Ressourcen umgehen und sich immer wieder Auszeiten gönnen. Und statt sich von negativen Gedankenströmen mitreißen zu lassen, müssen sie fähig sein, ihre Gedanken aufmerksam zu beobachten und gegebenenfalls unter Kontrolle zu bringen. Darum geht es im Folgenden.

Alarmsignale: Warum es sich lohnt, auf die eigenen Gefühle zu hören

»Wir sind mit Nachhaltigkeit und Digitalisierung weit vorangekommen. Das hätte hier vor zwei Jahren keiner gedacht. Unsere Auftragsbücher sind so voll wie nie zuvor, unsere Kunden laufen uns die Türen ein. Und jetzt haben wir Lieferstopp, da wir keine Materialien mehr bekommen und die halbe Belegschaft immer noch coronabedingt ausfällt. Soll ich jetzt lachen oder weinen? Können Sie sich vorstellen, wie ich mich gerade fühle?« So schilderte mir ein Vorstand seine emotionale Berg- und Talfahrt in diesen Tagen. Er ist keine Ausnahme. Vielleicht kennen Sie das.

Emotionale Superhelden gesucht

Die Herausforderungen für Führungskräfte haben zugenommen. Wir erleben gerade eine Gleichzeitigkeit von ökologischem, technologischem, gesellschaftlichem und geopolitischem Wandel. In dieser Intensität hat es das bisher in der Geschichte noch nicht gegeben. Nachhaltigkeit steht jetzt ganz oben auf der CEO-Agenda, die Coronakrise hat unsere Arbeitswelt völlig auf den Kopf gestellt, Digitalisierung und künstliche Intelligenz revolutionieren die Unternehmensprozesse, Millennials treiben den Kulturwandel in der Organisation voran und aufgrund der Ukrainekrise ergeben sich dramatische Lieferengpässe und neue Standortfragen.

Führungskräfte, die trotzdem erfolgreich sein wollen, brauchen ein gutes Nervenkostüm. Sie müssen innerlich stabil sein und sich selbst genau kennen. Sie müssen die Situation richtig einschätzen, dürfen sich nicht emotional aus dem Gleichgewicht bringen lassen und nicht zwischen Euphorie und Weltuntergangsstimmung hin- und herschwanken. Stattdessen müssen sie gelassen in sich ruhen, sich auf das Hier und Jetzt konzentrieren und die Sturmwellen mit der Geschicklichkeit eines Surfers meistern. Sie müssen gelernt haben, richtig mit ihren eigenen und mit fremden Gefühlen umzugehen. Als Führungskräfte sind jetzt emotionale Superhelden gefragt.

Wenn Gefühle karriereentscheidend werden

Vor allem eine Begabung wird mit jeder weiteren Stufe auf der Karriereleiter immer wichtiger: emotionale Intelligenz. Das ist unsere Fähigkeit, eigene und fremde Gefühle wahrzunehmen, zu verstehen und richtig damit umzugehen. Den Begriff der emotionalen Intelligenz hat vor allem Daniel Goleman mit seinem gleichnamigen Bestseller populär gemacht (Goleman 1997). Er unterscheidet fünf Komponenten der emotionalen Intelligenz: Selbstreflexion (Selbstwahrnehmung), Selbstkontrolle (Selbstregulierung), Motivation, Empathie und soziale Kompetenz (Goleman 2022). Und obwohl in den Vorstandsetagen über Gefühle immer noch selten gesprochen wird und Analytik und Logik den Alltag bestimmen, ist dieser Begriff inzwischen auch dort angekommen. Allerdings: Meiner Erfahrung nach tun sich viele Führungskräfte leicht, wenn es um Aspekte wie die Motivation oder die soziale Kompetenz geht. Sie verfügen über Energie und Ausdauer und haben gelernt, Netzwerke aufzubauen und zu pflegen. Aber bei den Komponenten Empathie, Selbstreflexion und Selbstkontrolle gibt es Nachholbedarf.

Empathie

Wer auf der obersten Führungsebene heute erfolgreich sein will, braucht mehr als reine Fachkompetenz, vor allem wenn es darum geht, eine große Transformation anzustoßen und zu leiten. Hier ist Empathie gefragt, die Fähigkeit, die Gefühle anderer zu verstehen. Denn ohne Empathie wird es kaum gelingen, im Führungsteam die richtige Motivation und Aufbruchstimmung zu erzeugen, geschweige denn junge Talente zu begeistern. Wer sich aber über viele Jahre nur über seine analytischen Fähigkeiten definiert hat, dem kann es schwerfallen, jetzt in den Empathie-Modus umzuschalten und mit diesem »soften Modefaktor« zu arbeiten, wie mir ein Vorstand einmal sagte.

Selbstreflexion (Selbstwahrnehmung)

Wer die Gefühle anderer verstehen will, muss zunächst seine eigene Gefühlswelt verstehen. Das erfordert Selbstreflexion. Das ist die Fähigkeit, eigene Stimmungen, Werte, Ziele, Präferenzen, Antriebe und eigene Gefühle zu erkennen und zu verstehen, welchen Einfluss sie haben. Das bedeutet nicht, bei einem überfüllten Terminkalender keinen Stress zu empfinden. Vielmehr hilft Selbstreflexion, die Gründe zu erkennen, warum der Stress empfunden wird. Einigen Führungskräften ist allerdings die Fähigkeit abhandengekommen, die eigenen Gefühle wahrzunehmen. Hier liegt aus meiner Sicht ein Kernproblem.

Selbstkontrolle (Selbstregulierung)

Um die eigenen Gefühle zu kontrollieren, ist Selbstkontrolle erforderlich. Das ist die Fähigkeit, sich nicht von Stimmungen hinreißen zu lassen und vorschnelle Entscheidungen und Urteile zu vermeiden. Immer wieder erlebe ich Führungskräfte, die genau das nicht schaffen und sich in einem Gespräch zu einem Gefühlsausbruch verleiten lassen, den sie später bereuen. So nahm ich beispielsweise an einem Lenkungskreis teil, in dem der wutentbrannte Geschäftsführer seinem Fertigungsleiter coram publico kündigte, nur um sich im Anschluss bei ihm zu entschuldigen und ihn zu bitten, doch zu bleiben. »Ich war da ein bisschen emotional«, wie er es ausdrückte.

Emotionale Intelligenz wird zum Rüstzeug für die emotionalen Superhelden unserer Tage. Wie die Forschung zeigt, lässt sich emotionale Intelligenz bis zu einem gewissen Grad erlernen und trainieren. Das setzt allerdings voraus, dass das eigene Defizit erkannt wird, und das wiederum erfordert die Fähigkeit zur Selbstreflexion. Damit aber tun sich einige Führungskräfte schwer. Es gelingt ihnen nicht, die eigenen Gefühle zu erkennen und zu verstehen oder unter Kontrolle zu bringen. Das hat auch mit ihrem Selbstbild zu tun.

SOS: Notruf aus der Gefühlszentrale

Menschen, die sich vollkommen vom äußeren Erfolg abhängig gemacht haben, treiben bei jeder äußeren Störung in ihren eigenen Gefühlswellen wie in einem Rettungsboot ohne Ruder dahin. Ihre Emotionen schütteln sie gnadenlos durch, sie bewegen sich permanent zwischen Euphorie und Niedergeschlagenheit. In diesem Auf und Ab wird es immer schwieriger für sie, die Lage richtig einzuschätzen und zu kontrollieren. Mit jedem Misserfolg sinkt ihr Selbstbewusstsein noch weiter herab. Irgendwann werden sie panisch und sehen ihren Erfolg und ihre Karriere ernsthaft gefährdet. Sie versuchen, sich noch mehr anzustrengen und noch mehr zu arbeiten. Jetzt müsste eine Warnlampe anspringen. Es sei denn, jemand hat den Stecker gezogen.

»Ich muss jetzt noch mal richtig Gas geben und PS auf die Straße bringen«, sagt mir ein junger Investmentmanager, »sonst kann ich meine Beförderung vergessen.« Müdigkeit und Erschöpfung sind ihm ins Gesicht geschrieben, aber er scheint es nicht zu spüren. Scheinbar springt seine Warnlampe nicht an. Mir kommt das bekannt vor, denn auch ich habe lange Zeit 70 oder mehr Arbeitsstunden pro Woche als normal empfunden. Und ich weiß, wie man den Stecker der Warnlampe zieht. Ich hatte gelernt, wie im Kampfsport hinter die eigenen Schmerzen und Gefühle zurückzutreten. In der Psychologie heißt das, unangenehme Gefühle abzuspalten. Anders ausgedrückt: Warnlampen, die stören, werden einfach deaktiviert. Das ist gefährlich. Denn nur dadurch, dass ich einfach die Temperatursonde abklemme, wird der Motor nicht kalt. Ich weiß jetzt nur nicht mehr, ob und wann er heiß läuft. Der Motorschaden jedoch ist vorprogrammiert.

Es ist nicht immer leicht, mit den eigenen Gefühlen richtig umzugehen. Das weiß ich aus eigener Erfahrung. Vor allem müssen die eigenen Gefühle erst einmal richtig benannt werden, und schon das ist eine Herausforderung.

Das kleine Einmaleins der Emotionen

»Yippieyeah!!«, »Grrr!!«: Es gibt Momente, da lassen sich Gefühle im Geschäftsleben leicht benennen, etwa Freude und Stolz bei der Bonusauszahlung oder Zorn und Wut nach der ausgebliebenen Beförderung. Manchmal ist es auch nur ein vages Gefühl, dass etwas nicht stimmt, zum Beispiel eine unbestimmte Angst, ausgelöst durch den Erfolgsdruck in einer neuen Rolle. Es ist dann wichtig, in sich hineinzuhorchen und diesen Gefühlen auf den Grund zu gehen. Aber welche Gefühle gibt es überhaupt?

Der Psychologe Paul Ekman unterscheidet sieben Basisemotionen: Trauer, Zorn, Überraschung, Angst, Ekel, Verachtung und Freude (Ekman 2010). Jeder Begriff steht für eine Gruppe verwandter Emotionen. Allerdings müssen negative Emotionen wie etwa Angst nicht unbedingt als unangenehm wahrgenommen werden. Beispielsweise empfinden viele Menschen beim kurzzeitigen Angstgefühl auf der Achterbahn im Freizeitpark eher ein angenehmes Gefühl. Es erfordert etwas Übung, die eigenen Gefühle zu benennen. Um die innere Gefühlssonde und Warnlampe richtig zu kalibrieren, lohnt sich die folgende Übung.

Übung: Kommen Sie Ihren Gefühlen auf die Spur

- Notieren Sie im Laufe der kommenden Woche dreimal täglich, wie Sie sich fühlen, zum Beispiel morgens, mittags und abends. Wie stark empfinden Sie das Gefühl auf einer Skala von 1 (schwach) bis 10 (stark)? Ist es diffus oder eindeutig? Können Sie es benennen? Notieren Sie sich auch, was Sie zu der Zeit gerade machen. Sie können dazu entweder ein einfaches Tagebuch benutzen oder eine zeitgemäße Mood-Tracker-App für Ihr Smartphone, wie etwa Dailyo (https://daylio.net/), Mood Panda (https://moodpanda.com/) oder iMood Journal (https://www.imoodjournal.com/).
- Schauen Sie sich am Ende der Woche die Ergebnisse an. Was fällt Ihnen auf? Welche Gefühle treten besonders häufig auf, und wann? Welche treten nicht auf?

Wenn Bauch und Kopf Hand in Hand gehen

Es gibt einen Verbündeten, wenn es darum geht, die eigenen Gefühle besser zu erkennen und zu verstehen, und das ist der eigene Körper. Er gibt ein Signal, sobald die innere Warnlampe anspringt. Daher ist es wichtig zu lernen, dem Körper richtig zuzuhören und ihm zu vertrauen.

Forschungen des Neurowissenschaftlers Antonio R. Damasio zeigen, dass Gefühle und Körpersignale unentbehrlich sind. Er spricht von somatischen Markern, die uns aufgrund unserer Körperwahrnehmung etwa bei Entscheidungen unbewusst in eine Richtung leiten (Damasio 2004). Wir kennen das auch als Bauchgefühl oder Intuition. Das hat nichts mit Esoterik zu tun. Auch im Topmanagement ist das Bauchgefühl wichtig, und zwar dann, wenn alle Fakten auf den Tisch liegen und eine strategische Entscheidung getroffen werden muss. Indra K. Nooyi, die ehemalige Vorstandsvorsitzende von PepsiCo, beschreibt es als die Fähigkeit, »hinter die nächste Biegung zu schauen und Punkte zu Linien und Formen zu verbinden, wo andere nur schwache Pünktchen sehen« (Ensser 2014, S. 114).

Unser Gehirn greift dann auf das emotionale Erfahrungsgedächtnis zurück, in dem Wissen in Form von Emotionen und Körperempfindungen gespeichert ist. Damit werden einfache Entscheidungen getroffen, etwa »gut, annähern« oder »schlecht, vermeiden«. Diese Signale kommen schnell und sind diffus. Deswegen lässt sich das Bauchgefühl meistens nur schwer beschreiben. Trotzdem lohnt es sich, ihm zu vertrauen, denn Körpersignale helfen oft, die richtigen Entscheidungen zu treffen. Ein Surfer zum Beispiel muss sich im Bruchteil einer Sekunde für die nächste Bewegung entscheiden, er kann sich nur auf sein Körpergefühl verlassen. Auch der Stratege muss sich auf sein Bauchgefühl verlassen, wenn er eine Blue-Ocean-Entscheidung trifft und einen neuen Markt schaffen will. Und auch, wenn wir innerlich spüren, dass wir besser den Rechner zuklappen sollten, um uns etwas Schlaf zu gönnen, können wir uns auf unser Körpergefühl verlassen.

Menschen, die über einen scharfen analytischen Verstand verfügen, aber die eigenen Körpersignale nicht wahrnehmen, sind oft sehr einseitig unterwegs. Ein amüsantes Beispiel dafür ist die Figur des Sheldon Cooper in der US-Fernsehserie *The Big Bang Theory*. Solche Menschen sind sich ihrer eigenen Entscheidungen nie hundertprozentig sicher und lassen sich daher von außen rasch beeinflussen. In Stresssituationen kann ihre Warnlampe für alle erkennbar bereits heftig blinken wie das Blaulicht der örtlichen Feuerwehr, aber sie selbst bemerken dies nicht. Ihr Verstand sagt ihnen: »Mach weiter, streng dich an.« In diesem Fall muss die Wahrnehmung der eigenen Körpersignale trainiert werden. Und anstatt das dritte Buch in dieser Woche zu lesen, wäre es besser, einen Yogakurs zu besuchen oder Surfen zu lernen, so wie Sarah in dem Fallbeispiel. Das zumindest empfehle ich meinen Kunden. Denn unser Körper freut sich, wenn wir wieder in ihm wohnen. Und die besten Entscheidungen treffen wir, wenn wir sowohl auf unser Bauchgefühl als auch auf unseren Verstand hören, also Bauch und Kopf Hand in Hand gehen und zusammenwirken.

Sobald wir gelernt haben, unsere Gefühle wahrzunehmen, sind wir auch in der Lage, die innere Warnlampe zu erkennen, wenn sie anspringt. Wir haben dann die Kontrolle über uns selbst zurückgewonnen.

Auszeiten: Wie Sie die eigenen Ressourcen optimal nutzen

Wir alle kennen inzwischen den Erdüberlastungstag, der uns anzeigt, ab welchem Tag im Jahr wir als Gesellschaft mehr ökologische Ressourcen verbraucht haben, als in einem Jahr nachwachsen können. Das ist bei unseren eigenen Ressourcen nicht anders. Spätestens wenn unsere innere Warnlampe aufleuchtet, wird es Zeit, einen Gang runterzuschalten und die eigenen Ressourcen zu schonen. Im Gegensatz zu unserem Planeten haben wir es als Individuum sogar persönlich in der Hand, ob wir handeln oder nicht. Trotzdem agieren wir häufig so, als hätten wir endlose Kräfte wie eine Heldin oder ein Held aus einem Marvel-Comic. Aber leider ist das nicht so.

Der Weltraum, unendliche Weiten. Wir schreiben das Jahr 2022 …

Immer wieder schmunzle ich, wenn ich in alten Science-Fiction-Serien sehe, wie man sich früher die Zukunft vorgestellt hat. »Kirk an Enterprise« hieß es vor fast 50 Jahren in der Serie *Raumschiff Enterprise* im Fernsehen. Zum Einsatz kam ein kleines Gerät, das heute anmutet wie der bescheidene Vorläufer unseres Smartphones. Aber wir sind in einer etwas anderen Welt gelandet. Der Vorspann zur legendären Fernsehserie müsste heute in etwa so lauten: *»Viele Lichtjahre von der Erde entfernt dringt die Enterprise in Galaxien vor, die nie ein Mensch zuvor gesehen hat … natürlich always on, immer verbunden, immer erreichbar, 24 Stunden am Tag, 7 Tage die Woche, über WhatsApp, Zoom oder Teams. Smartphone, iPad und MacBook sind bei jedem neuen Abenteuer dabei.«*

Willkommen in der Zukunft. Die technischen Gadgets und Apps ermöglichen es uns heute, jederzeit in Real-Time mit Freunden, Kollegen oder Kunden von New York bis Tokio zu kommunizieren und von jedem Ort der Welt aus zu arbeiten. Captain Kirk würde sich freuen. Die Digitalisierung hat uns in der Coronakrise gerettet. Aber wir haben auch gelernt, welchen Preis wir dafür bezahlen müssen. Die Grenzen zwischen privatem und beruflichem Raum verschwimmen immer mehr. Und es gelingt uns immer seltener, anzuhalten und abzuschalten. »Es ist leicht, in der App den Stopp-Knopf zu finden, es ist nur schwer, ihn zu drücken«, fasste es eine Kundin von mir richtig zusammen. Die Work-Life-Balance gerät aus dem Ruder. Es geht an die physischen Reserven. Aber wo ist der Hebel, um runterzuschalten?

Achtung! Bitte einen Meter zurücktreten

»Ich weiß selbst, dass ich runterschalten muss», sagte Lynn, eine völlig überarbeitete Investmentbankerin zu mir. »Ich habe auch schon eine Idee. Ich will im nächsten Jahr einen Marathon laufen und werde mir die Zeit nehmen, mich richtig vorzubereiten. Ich habe mir ein ambitioniertes Ziel gesteckt und möchte deutlich unter die Vierstundenmarke kommen.« Lynn geht es wie vielen anderen: Sie verwechselt die Überholspur mit dem Pannenstreifen. Richtiges Runterschalten heißt, Energie zu tanken und Freiraum zu schaffen, um an sich selbst zu arbeiten. Es bedeutet auch, Abstand zu gewinnen, um das eigene Problem überhaupt erst einmal sehen zu können.

Wer ein großes Bild betrachten will, muss ein paar Schritte zurücktreten. Wer sein eigenes Problem sehen will, braucht ebenfalls Abstand. Es wird kaum gelingen, zwischen drei Videocalls und zehn Telefonaten darüber nachzudenken, was zurzeit schiefläuft und wie das eigene Leben besser gestaltet werden könnte. Wer ernsthaft an sich arbeiten will, braucht eine Auszeit, ganz ähnlich wie es in vielen Religionen feste Auszeiten in Form von Gebetszeiten und Feiertagen gibt. Dort läuft das Geschäft auch weiter. Etwas weniger sakral hat es Tony Robbins einmal ausgedrückt: »Wenn du nicht mal zehn Minuten Zeit für dich selbst hast, dann hast du kein Leben.«

»Jede Reise beginnt mit dem ersten Schritt«, lautet ein altes Sprichwort. So verhält es sich auch mit der persönlichen Auszeit. Zwei feste Stunden pro Woche sind ein guter Anfang, am besten immer am gleichen Wochentag und zur gleichen Zeit, dann fällt es leichter, den guten Vorsatz durchzuhalten. »Freitag ab 16 Uhr geschlossen« steht dann zum Beispiel auf Ihrem virtuellen Türschild. Wenn diese Zeit richtig investiert wird, dann entsteht daraus bald ein viel größerer persönlicher Freiraum. Ganz ähnlich wie eine Rendite bei jedem guten Businessplan.

Zeitinvestor in eigener Sache werden

Wer Geld investiert, möchte wissen, was er dafür bekommt. Wer Zeit und Energie investiert, sollte eigentlich ein ähnliches Interesse am Return haben. Der Tag hat nur 24 Stunden, und daran wird sich so schnell auch nichts ändern. Es geht um ein kostbares und begrenztes Gut. Wenn ich Kunden frage, wo sie ihr Geld investieren, dann können mir das fast alle sofort und sehr konkret sagen, und oft bekomme ich auch noch einen guten Investmenttipp. Wenn ich aber wissen will, wo sie ihre Zeit investieren, geraten viele ins Stocken. »Das kann ich so pauschal nicht sagen«, heißt es dann bezüglich des persönlichen Zeitportfolios. Darum hier mein Investmenttipp:

Machen Sie einen Kassensturz. Investieren Sie die ersten zwei Stunden der neu gewonnenen freien Zeit in eine Kalenderanalyse, um besser zu verstehen, wie Sie heute mit Ihrer Zeit und Energie umgehen.

Übung: Führen Sie eine Kalenderanalyse durch

- Schreiben Sie über einen Zeitraum von fünf Wochen auf, womit Sie Ihre Zeit verbringen. Tragen Sie die Zeiten in die folgende Tabelle ein. Es reichen Schätzwerte.
- Berechnen Sie, wie viel Zeit Sie durchschnittlich für die einzelnen Aktivitäten verbraucht haben, und zwar über fünf Wochen und pro Tag.

Zum Vergleich: Michael E. Porter, Professor an der Harvard Business School, und Nitin Nohria, ehemaliger Dean der Harvard Business School, haben die Kalender von erfolgreichen CEOs analysiert (Porter, Nohira 2018). Bei Teilnehmern in dieser Studie entfallen pro Tag durchschnittlich etwa sechs Stunden auf Freizeit und knapp sieben Stunden auf Schlaf. Von der Freizeit entfällt etwa die Hälfte der Zeit auf die Familie, 45 Minuten werden für Sport und etwas mehr als zwei Stunden für Lesen und Hobbys benötigt. Von der Arbeitszeit entfallen 25 Prozent auf persönliche Zeit für sich selbst, etwa zur Reflexion und zur Vorbereitung von Besprechungen. Vor allem die Zeit zur Reflexion ist wichtig, um an der eigenen Weiterentwicklung zu arbeiten.

AKTIVITÄT		Durchschnittliche Anzahl Stunden pro Woche					Durchschnitt über 5 Wochen	Durchschnitt pro Tag
		Woche 1	Woche 2	Woche 3	Woche 4	Woche 5		
Arbeitszeit	Externe Besprechungen							
	Interne Besprechungen							
	1:1 Gespräche Mitarbeiter							
	Zeit für sich							
	Pausen							
	Sonstige							
Freizeit	Familie							
	Sport							
	Sonstige							
Reisezeit								
Urlaub								
Schlaf								
SUMME								

Die Kalenderanalyse

- Beschäftigen Sie sich mit diesen Fragen: Wie viel Zeit haben Sie für Ihre Freizeit? Wie viel Zeit für Schlaf? Und wie viel Zeit für sich selbst? Wie viel Zeit wollen Sie zukünftig für diese Komponenten haben?

Mein Investmenttipp dazu

Arbeitszeit hat einen sinkenden Grenzertrag. Ganz praktisch heißt das, dass mit jeder Stunde zusätzlicher Arbeit, relativ betrachtet, immer weniger dabei herauskommt. Am Output gemessen, entspricht die dreistündige Nachtschicht dann einer Stunde Arbeit am Morgen nach ausreichend Schlaf. Das liegt daran, dass das persönliche Energielevel abnimmt. Daher ist es sinnvoll, nicht seine Zeit, sondern die persönliche Energie zu managen. Und das gelingt, indem Sie Ihrem Arbeitstag einen Rhythmus geben.

Dem Tag Rhythmus und Form geben

»Haben Sie schon mal daran gedacht, wie erstaunlich es ist, dass unser Herz unser ganzes Leben lang schlägt? Das Geheimnis ist der Rhythmus, das Wechselspiel zwischen Aktivität und Pausen«, erklärte mir einmal ein Kardiologe. Indem der Arbeitstag am natürlichen Körperrhythmus ausgerichtet wird, lässt sich auch das eigene Energieniveau optimieren. Es empfiehlt sich, in 90-Minuten-Takten zu arbeiten und zwischendurch regelmäßig Pausen einzulegen. »Jede Arbeitseinheit ist wie ein Länderspiel ohne Verlängerung« – so drückte es einmal ein Kunde von mir aus.

Die Schlafforschung zeigt, dass der Basis-Ruhe-Aktivitätszyklus ähnlich wie der Schlaf in Aktivierungs- und Deaktivierungszustände gegliedert ist und in einem 90-Minuten-Rhythmus verläuft (Kleitman 1982). Während der Aktivierungsphasen ist unsere Konzentration deutlich höher. Wenn wir über einen langen Zeitraum hochkonzentriert arbeiten, schaltet unser Gehirn irgendwann herunter, denn es verbraucht mehr Energie als jedes andere Organ im Körper. Wir fühlen uns dann müde oder unkonzentriert. Wenn wir trotzdem weiterarbeiten, lösen wir Stressreaktionen aus und unser Körper schaltet in den Überlebensmechanismus. Daher ist es richtig, zwischendurch Pausen einzulegen und zum Beispiel einen kurzen Spaziergang zu machen. Und wer glaubt, keine 30 Minuten für eine Pause übrig zu haben, der braucht wahrscheinlich 60 Minuten Ruhe, wie mir ein Meditationslehrer einmal sagte.

Die persönliche Energie lässt sich sogar noch weiter optimieren – das durfte ich von einem Vorstand lernen. »Ein gelungener Tag sollte mit Morgen- und Abendroutinen eingerahmt sein wie ein schönes Bild«, sagte er mir, nachdem er mich in seiner Sportkleidung im Büro begrüßt hatte. Er fährt dreimal die Woche mit seinem Rennrad in die Firma. »Es fühlt sich besser an, zunächst Energie zu tanken und mich erst danach mit den Börsenkursen zu beschäftigen«, erklärte er mir. Den Tag beendet er mit einer Abendroutine oder mit einer Stunde »Me-Time«, um runterzukommen und sich auf den Schlaf vorzubereiten. Meistens nutzt er diese Zeit zum Lesen. Den Computer lässt er aus. Arianna Huffington hat es treffend so zusammengefasst: »Ein guter Morgen beginnt am Abend zuvor« (Huffington 2021). Und mit ausreichend Schlaf.

… neulich im Büro

»Ist das nicht schön!«, sagte ein Kollege, als wir uns Mittwoch spät abends im Büro am Drucker trafen. »Nur noch vier Stunden Schlaf und schon ist wieder Wochenende.« Ich muss immer wieder schmunzeln, wenn ich an diese Anekdote zurückdenke, auch wenn sie ein sehr ernstes Thema berührt. In 20 Jahren als Unternehmensberater habe ich gelernt, auch mit sehr wenig Schlaf auszukommen. Phasenweise habe ich im Schnitt weniger als fünf Stunden pro Nacht geschlafen.

Heute weiß ich, dass das ein großer Fehler war. »Schlaf ist für den Menschen, was das Aufziehen für die Uhr«, soll Arthur Schopenhauer gesagt haben. Wir brauchen unseren Schlaf für die Regeneration, und zwar sechs bis neun Stunden pro Nacht. Das ist eine gesunde Bandbreite, wie Studien zeigen (Cappuccio 2010). Es lohnt sich also, in den Schlaf zu investieren. Wahrscheinlich ist das eine der wichtigsten persönlichen Energiequellen überhaupt. So weit, so gut. Wie aber schaffen Sie es, Freiräume und Pausen in den völlig überfüllten Arbeitstag einzubauen?

ATMs: Von den Meistern der Zeitoptimierung lernen

Zeitmanagement ist ein Evergreen in der Wirtschaftsliteratur. Wahrscheinlich hat jeder schon von den klassischen Zeitmanagement-Werkzeugen wie Definieren, Priorisieren, Eliminieren, Minimieren, Delegieren und Automatisieren gehört. Im Laufe der Zeit bin ich Führungskräften begegnet, die diese Werkzeuge bis zur Perfektion beherrschen. Ich habe mir angewöhnt, diese Meister der Zeitoptimierung ATMs zu nennen, Advanced Time Manager. Trotz anspruchsvoller Agenda schaffen sie es scheinbar mit Leichtigkeit, sich regelmäßig persönliche Auszeiten zu nehmen, so, als könnten sie die freien Stunden wie Geldscheine aus einem Bankautomaten ziehen. Sie sind in DAX-Konzernen und in Start-ups zu finden, sie sitzen in den Vorstandsetagen und in den mittleren Führungsebenen. Wer ATMs in der Praxis beobachtet, kann immer etwas lernen.

Definieren

Um sich Freiraum zu verschaffen, sollte man sich nur auf das konzentrieren, was wirklich wichtig ist. ATMs sind sich über ihre eigenen Ziele im Klaren. Sie leiten aus ihren Zielen ihr Handeln ab und lassen sich nicht vom Kurs abbringen. Ich habe ATMs getroffen, die ihr Ziel in einem einzigen Wort zum Ausdruck bringen konnten und sich auf die Zielerreichung mit der Intensität eines Brennglases konzentrieren konnten.

Priorisieren

Fast jeder kennt den Unterschied zwischen wichtigen und dringenden Aufgaben. ATMs investieren 65 bis 80 Prozent ihrer Zeit in Aufgaben, die wichtig, aber nicht dringend sind, ganz ähnlich wie es Stephen Covey empfiehlt, Vordenker in Sachen persönlicher Effektivität (Covey 1995). Manchen Kunden, denen ich das mithilfe der folgenden Abbildung erklärt habe, dachten, ich hätte die Achsen falsch beschriftet. Das hatte ich nicht.

Radikales Umdenken ist hier gefordert. Ich habe ATMs kennengelernt, die sich in der intensiven Startphase ihres neuen Unternehmens eine Auszeit von fast zwei Monaten nahmen, um sich um ihre Familie zu kümmern. Das Unternehmen wurde trotzdem ein Erfolg.

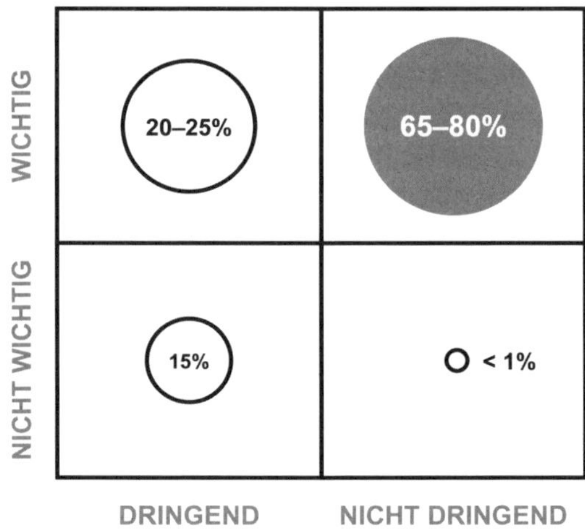

Richtig priorisieren

Eliminieren

Viele Führungskräfte sagen mir, dass sie sich über zu viele Meetings und die tägliche Medienflut ärgern. ATMs handeln entsprechend: Sie stellen Störungen ab, eliminieren systematisch alle Zeitfresser und sagen konsequent »Nein«. Ein ATM hatte Sprechstunden eingeführt, außerhalb dieser Zeiten war er nicht erreichbar. »Indem ich ›Nein‹ sage, sage ich ›Ja‹ zu mir selbst«, erklärte er mir.

Minimieren

»Einfachheit ist die höchste Stufe der Vollendung«, soll Leonardo da Vinci gesagt haben. ATMs vermeiden unnötigen Perfektionismus und arbeiten konsequent nach dem Pareto-Prinzip, das besagt, dass 80 Prozent der Ergebnisse mit 20 Prozent des Gesamtaufwands erreicht werden. Ein ATM hatte sich angewöhnt, sich am Ende jeder Woche zu fragen, welche Ergebnisse er auch mit weniger Aufwand hätte erreichen können. So minimierte er Woche um Woche den erforderlichen Zeitaufwand immer weiter, bis er schließlich einen vollen freien Tag pro Woche hatte.

Delegieren und Automatisieren

ATMs sind wahre Meister darin, zu delegieren und zu automatisieren. Sie nutzen dabei moderne Optimierungswerkzeuge wie Asana.com oder Monday.com sowie viele digitale Dienstleistungen von virtueller Assistenz bis zu Marktanalysen, die über Online-Marktplätze wie Fiverr.com angeboten werden (https://www.fiverr.com/). Asana.com ist eine Software, die Teams und Gruppen bei der Organisation, Verfolgung und Verwaltung ihrer Arbeit oder ihrer Projekte unterstützt (https://asana.com/de), während sich mit Monday.com Projekte steuern lassen und die Zielerreichung visualisieren lässt (https://www.monday.com/). Und viele ATMs setzen die Tipps aus dem Bestseller *Die 4-Stunden-Woche* um (Ferriss 2015).

Eine interessante Entdeckung

In der Praxis fällt es meiner Erfahrung nach vielen Führungskräften schwer, sich Freiraum zu schaffen und ihn sich auch zu halten. Vielen gelingt es nicht auf Anhieb, die beschriebenen Best Practices der ATMs zu kopieren. Irgendetwas scheint noch zu fehlen. Ich habe mir das mit meiner »Ingenieur-Brille« angeschaut und dabei eine interessante Entdeckung gemacht: Stellen Sie sich Ihren Kalender wie eine große Mauer aus schweren Steinen vor. Jeder Stein ist ein Termin. Wenn Sie einen Stein einfach rausziehen, dann wird die Lücke durch die tonnenschweren Steine von oben sofort wieder geschlossen. Um einen stabilen Durchbruch zu schaffen, brauchen Sie eine Bogenkonstruktion. Sie können sich dazu die oben beschriebenen Zeitmanagement-Werkzeuge wie Bogensteine vorstellen. Was aber in vielen Konstruktionen aus meiner Sicht fehlt, ist der Schlussstein. Erst mit ihm wird die Konstruktion tragfähig. Dieser Schlussstein ist ein gut durchdachtes Anreizsystem, das es Ihnen sehr schwer macht, Ihre geplante Auszeit dann doch wieder mit Geschäftsterminen zu füllen.

Nahezu alle ATMs, die ich kennengelernt habe, arbeiten mit einem Anreizsystem als Schlussstein und vermeiden es so, dass der schöne Torbogen schon nach wenigen Wochen wieder in Trümmern liegt. Manchen hilft es, ihren Erfolg zu visualisieren; dazu notieren sie sich jede Woche, ob sie den Freiraum gehalten haben oder nicht. Einige nutzen dazu moderne Apps. Andere machen es ähnlich wie Sarah und bitten eine Freundin oder einen Freund, sie wöchentlich an ihren Vorsatz zu erinnern. Einige

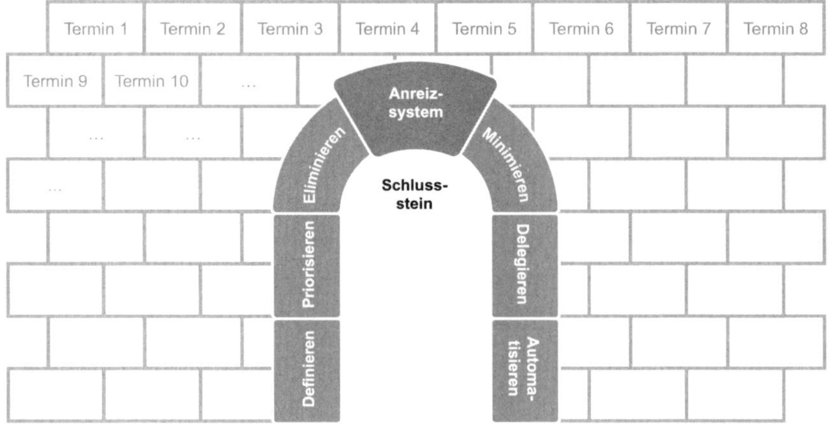

Freiraum schaffen und halten

verbringen ihren Freiraum an einem inspirierenden Ort, auf den sie sich immer wieder freuen. Wieder andere koppeln ihre Auszeit an persönliche Verpflichtungen, die es ihnen nahezu unmöglich machen, die Auszeit nicht wahrzunehmen. Fast alle erinnern sich regelmäßig immer wieder daran, warum überhaupt sie runterschalten wollen. Vergessen Sie also auf keinen Fall Ihren persönlichen Schlussstein.

Aufmerksamkeit: Wie Sie die eigenen Gedanken unter Kontrolle bringen

Endlich haben Sie es geschafft, sich eine persönliche Auszeit zu erkämpfen. Sie haben keine Termine angenommen, das Handy abgestellt und sind für niemanden erreichbar. Aber jetzt fällt Ihnen plötzlich ein, dass Sie ja noch einen Kunden zurückrufen wollten, Sie haben auch vergessen, Unterlagen rauszuschicken, und machen sich doch etwas Sorgen wegen der Restrukturierung ... Mit der Auszeit wird es nichts. Zumindest nicht in Ihrem Kopf. Sie haben die Warnlampe beachtet, sind auf den Pannenstreifen gefahren – und jetzt geht der Motor nicht aus. Was nun?

Feindliche Übernahme: Wenn Gedanken außer Kontrolle geraten

»Mach dir nicht so viele Gedanken.« Diesen Satz haben Sie vielleicht auch schon öfter gehört, wenn Sie mit jemandem über Ihre Probleme gesprochen haben. Leider aber lässt sich das nicht so leicht umsetzen. Wir haben zwar gelernt zu laufen, zu sprechen und zu lesen, aber niemand hat uns beigebracht, wie wir unsere Gedanken stoppen können. Es ist noch schlimmer. Unser Kopf widersetzt sich nicht nur unseren Anordnungen, er macht häufig genau das Gegenteil von dem, was wir wollen, wie der amerikanische Psychologe und Harvard-Professor Daniel Wegner belegt hat (Wegner 1987). Sie kennen wahrscheinlich sein berühmtes Beispiel: Denken Sie jetzt nicht an einen weißen Bären! Versuchen Sie es mal. Und? Sie haben sicherlich an einen weißen Bären gedacht. »Wenn du versuchst, dein Denken anzuhalten, dann wirst du von deinem Denken gestört«, hat mir dazu einmal ein Zen-Meister gesagt.

Richtig problematisch wird es, wenn uns die eigenen Gedanken unter Kontrolle haben und die immer gleichen negativen Gedankenmuster wiederkehren, ausgelöst durch Assoziationsketten. »Wenn das und das passiert, kann ich meine Karriere abschreiben ...«, »Das schaffe ich nie ...«, »Ich weiß doch, was die über mich denken ...« – das sind typische Sätze, die ich immer wieder von meinen Coachees höre. Dabei wird generalisiert, es werden negative Schlussfolgerungen ohne Beweise gezogen, es werden pauschale Behauptungen auf der Basis eines Datenpunktes aufgestellt, es wird stets das Schlimmste angenommen.

Leider lassen sich negative Gedanken nicht einfach blockieren oder ignorieren. Die Biologie macht uns dabei einen Strich durch die Rechnung. Es lässt sich aber erlernen, mit negativen Gedanken anders umzugehen und sie unter Kontrolle zu bringen. Dazu brauchen Sie die Fähigkeit, die eigenen Gedanken und Gefühle mit einer Mischung aus Mut und Neugier zu betrachten und dabei in Ihrer Mitte zu ruhen.

Der Psychotherapeut Karlfried Graf Dürckheim sprach in diesem Zusammenhang von »Hara«, unserem inneren Schwerpunkt, der uns erdet, stärkt und wieder aufrichtet (Dürckheim 2012). Das lässt sich mit einer Wippe vergleichen. An den äußeren Enden gibt es ein permanentes Auf und Ab, in der Mitte dreht sich die Wippe um einen stabilen Ruhepunkt. Genauso ist es in der Gedanken- und Gefühlswelt: Erfolge und Misserfolge sorgen für ein emotionales Auf und Ab. Wer aber in seiner

Mitte ruht, im »Hara«, der lässt sich davon nicht beeindrucken, sondern kann dem Treiben aus sicherer Entfernung zusehen. Wie lässt sich das erlernen?

Achtsam mord…, äh, managen, aber wie?

Vor ein paar Jahren hatte mich ein bekannter Industriekonzern zusammen mit zwei Co-Rednern zu einem Vortrag eingeladen. Wir sollten im Rahmen der alljährlichen Topmanager-Tagung zum Thema *Mindfulness in Business* sprechen. Während des Vortrags führten wir eine kurze Meditationsübung durch. Alle Teilnehmer sollten für 90 Sekunden nur auf ihren Atem achten. Anschließend fragten wir, wer es geschafft hatte, mit den eigenen Gedanken nur bei seinem Atem zu bleiben. Kein einziger Arm ging hoch. Dann stellten wir die Frage, wer gern lernen würde, mit seinen Gedanken nur beim Atem zu bleiben. Und jetzt hoben fast alle 60 Teilnehmer ihren Arm.

Atem- und Konzentrationstechniken erleben einen wahren Boom und haben inzwischen auch den Weg in die Vorstandsetagen gefunden. Vor allem in der Techindustrie sind diese Techniken sehr populär. So hat zum Beispiel Google mit »Search Inside Yourself« schon vor Jahren ein eigenes Programm hierzu gestartet (Chade-Meng Tan 2012). Häufig sprechen wir auch von Achtsamkeit, allerdings ist dieser Begriff aus meiner Sicht bereits etwas abgenutzt. Die Konzentration auf den eigenen Atem hilft dabei, auf einfache Art und Weise Aufmerksamkeit und Fokussierung zu trainieren. Das kann später für einen bewussten Umgang mit den eigenen Gedanken genutzt werden, um Stressresilienz aufzubauen. Wie Studien zeigen, können mit diesen Techniken sogar Führungsfähigkeiten wie Klarheit und Empathie verbessert werden (Schootstra, Deichmann, Dolgova 2017).

Es gibt inzwischen zahlreiche Apps mit selbstgeführten Meditationen wie etwa Insight Timer, Calm, Headspace oder 7 Minds. Hier eine Übung, mit der Sie gleich jetzt beginnen können:

Übung: Kurzmeditation

- Suchen Sie sich eine bequeme Sitzposition, in der Ihr Körper zur Ruhe kommt. Am besten sitzen Sie auf einem Stuhl. Rücken und Kopf sind gerade, die Schultern entspannt, die Hände unter dem Bauchnabel ineinandergelegt. Schließen Sie die Augen (wenn Sie wollen).
- Richten Sie Ihre Aufmerksamkeit nur auf Ihren Atem. Spüren Sie, wie er durch Ihre Nase ein- und austritt. Lassen Sie Ihren Atem geschehen.
- Nehmen Sie wahr, wenn Ihre Aufmerksamkeit abgelenkt wird, und lenken Sie sie wieder zurück auf den Atem. Bewerten und beurteilen Sie nicht.
- Lassen Sie sich nun beim Ausatmen fallen, spüren Sie dabei den Bauchbereich unterhalb des Bauchnabels. Bleiben Sie bei Ihrem Atem.
- Kommen Sie langsam wieder zurück und öffnen Sie die Augen.

Je öfter Sie die Übung machen, desto besser wird es Ihnen gelingen, nur beim Atem zu bleiben. Starten Sie mit 90 Sekunden und addieren Sie jeden Tag 30 Sekunden hinzu, bis Sie zehn Minuten schaffen. Integrieren Sie die Übung in Ihre Morgenroutine und in Ihre Mittagspause. Wenn Sie täglich zweimal zehn Minuten meditieren, haben Sie bereits ein gutes Niveau erreicht.

Der Weg zum Gedankendompteur

Die beschriebene Meditationstechnik lässt sich in leicht abgewandelter Form auch nutzen, um die eigenen Gedanken unter Kontrolle zu bringen, nur dass jetzt statt des Atems Gedanken und Gefühle beobachtet werden. Die Psychologin Susan David spricht in diesem Zusammenhang von emotionaler Agilität und hat dazu eine Technik entwickelt (David 2016), die ich an einem Beispiel veranschaulichen will: Sobald die ersten negativen Gedankenmuster auftauchen, gilt es diese zu benennen. Aus »Das Geschäftsjahr kann ich abschreiben« wird dann »Ich habe gerade den Gedanken, dass ich das Geschäftsjahr abschreiben kann«. Das macht einen großen Unterschied, denn die eigenen Gedanken werden damit als das beschrieben, was sie sind: temporäre Datensätze im Kopf, die vorbeiströmen wie das Wasser im Fluss. Aus der Meta-Ebene betrachtet verlieren viele negative Gedanken sofort an Kraft.

Anschließend müssen die eigenen Gedanken und das damit verbundene Gefühl akzeptiert werden. »Es ist, wie es ist, und das ist O.K. so«, könnte so ein Satz lauten. Damit entsteht ein größerer Abstand zu den eigenen Gedanken. Und mit etwas Abstand entstehen ganz neue Optionen. Aus einem vermeintlichen Misserfolg wird dann vielleicht ein Weckruf. So erkannte ein Kunde von mir, dass es Zeit für eine neue Aufgabe wurde, und letztendlich war er dankbar für das Signal, das ihn zum Nachdenken gezwungen hatte.

Natürlich gibt es Situationen, in denen das nicht gelingt. Es braucht etwas Zeit, um zu lernen, die eigenen Gedanken unter Kontrolle zu bringen. Das erfahre ich in Gesprächen mit meinen Kunden immer wieder. Und in der richtigen Dosierung ist es sogar gut, wenn uns unsere Gedanken ab und zu mal aufschrecken. »Ein wenig Paranoia gehört zur emotionalen Grundausstattung jeder Führungskraft, um wachsam und reaktionsschnell zu bleiben«, fasste dies ein Vorstand mir gegenüber einmal zusammen.

Kurz gesagt

- Lernen Sie, Ihre Gefühle im Berufsalltag wahrzunehmen. Sie geben Ihnen ein Warnsignal, wenn etwas nicht stimmt.
- Nehmen Sie körperliche Signale wie Müdigkeit oder Erschöpfung unbedingt ernst und schalten Sie herunter.
- Lernen Sie, auf Ihren Bauch zu hören, und trainieren Sie die Körperwahrnehmung. So treffen Sie die besten Entscheidungen.
- Planen Sie jede Woche feste Auszeiten von mindestens zwei Stunden ein. In dieser Zeit sind Sie nicht erreichbar. Nutzen Sie diese Zeit zur Reflexion.
- Managen Sie Ihre Energie und nicht Ihre Zeit. Arbeiten Sie in 90-Minuten-Takten und legen Sie zwischendurch Pausen ein.
- Schaffen Sie Freiraum, indem Sie effizient mit Ihrer Zeit umgehen. Schützen Sie den Freiraum, indem Sie Ihren persönlichen »Schlussstein« finden.
- Meditieren Sie täglich zweimal zehn Minuten. Achtsamkeit und Meditation helfen Ihnen, Ihren inneren Ruhepunkt zu stärken.
- Lernen Sie, Ihre negativen Gedanken und Gefühle wahrzunehmen, zu benennen und zu akzeptieren, so gewinnen Sie die Kontrolle wieder.

Für alle Neugierigen: Wie es mit Sarah weiterging

Sarah hat weiter an sich gearbeitet und ist heute viel besser in der Lage, für sich selbst zu sorgen. Das war wichtig, denn sie hat inzwischen geheiratet und ein Kind bekommen. Ihre Prioritäten haben sich damit nochmals verschoben. Ihre Karriere im Konzern hat sie fortgesetzt. Sie hat ein neues technisches Ressort übernommen und wird intern als mögliche Vorstandskandidatin gehandelt. Sie ist heute sehr gut in der Lage, auch für ihr Privatleben Vorsorge zu treffen und ihre Energie zu managen. Perfekt ist ihre Welt sicherlich nicht, denn Familie und Karriere zu vereinen fällt auch Sarah nicht leicht. Aber sie gilt als Rollenmodell und kümmert sich als Mentorin um junge Ingenieurinnen im Unternehmen.

Entkoppeln: Ursache und Wirkung verstehen

» *Welcher Fehler bei einer leuchtenden Motorkontrollleuchte vorliegt, lässt sich pauschal nicht sagen. In vielen Fällen sind die Informationen aus dem Diagnosegerät ein wertvoller Hinweis, welche Komponenten bei der Fehlersuche als Erstes zu inspizieren sind.* «

AUTO BILD 2021

Komplexe technische Probleme und persönliche Herausforderungen haben etwas gemeinsam: Um das Problem zu lösen, gilt es, zunächst die Ursache zu verstehen. In beiden Fällen darf man sich dabei nicht mit der nächstbesten Antwort zufriedengeben. Hier lauert Karriere-Stopper Nr. 2: blinde Flecken und Unkenntnis eigener Antriebskräfte. Es reicht nicht, zu wissen, dass die Warnlampe leuchtet. Um die Ursache zu finden, sollten Sie hartnäckig allen Hinweisen nachgehen. Dabei kann Überraschendes zutage treten. Hier ist die Geschichte von Michael.

Fallstudie: Michael

»Ich habe mich wirklich auf unseren Coachingtermin gefreut, es ist das erste Mal, dass ich diese Woche zumindest für eine Stunde aus diesem Zirkus rauskomme«, sagt Michael und gießt uns Kaffee ein.

Michaels Ausgangssituation

Michael und ich treffen uns zu unserem zweiten Coachinggespräch. Er ist erfolgreicher IT-Unternehmer und hat eine Firma für Sicherheitssoftware aufgebaut und damit eine Nische gefunden und besetzt. Im deutschsprachigen Raum ist er mit seinem Unternehmen in seinem Segment bereits Marktführer. Aber der Umsatz stagniert seit einiger Zeit, die lange Phase des Erfolgs scheint zu Ende zu sein. Die Firma steht vor einer großen Reorganisation. In diesem Zusammenhang möchte Michael auch seine eigene Rolle als CEO neu definieren. Er will Aufgaben abgeben und sich zukünftig auf die Strategie des Unternehmens konzentrieren. Bisher gelingt ihm das allerdings nicht. Er steckt tief im Tagesgeschäft und findet keine Zeit, sich um die Strategie zu kümmern. Der Druck nimmt langsam zu. Im Coaching wollen wir einen Plan erarbeiten, wie er neue Prioritäten setzen und seine Woche anders gestalten kann.

Festhalten um jeden Preis

»Das klingt ja fast so, als ob sich Ihre guten Vorsätze wieder in Luft aufgelöst hätten. Sie hatten doch geplant, sich ab jetzt jeden Freitag zwei Stunden Zeit für sich zu nehmen und an Ihrer Strategie zu arbeiten. Wie steht's denn damit? Hat das geklappt?«, frage ich Michael.

»Nein, leider nicht. Ich hatte geplant, mich aus einigen internen Gesprächen zurückzuziehen und mir damit Freiraum zu schaffen. Bei vielen Gesprächen muss ich eigentlich nicht mehr dabei sein, das sollten meine Kollegen inzwischen allein schaffen. Das dachte ich zumindest.«

»Und dann?«

»Dann musste ich feststellen, dass die Gespräche nicht so liefen, wie ich es erwartet hatte. Beim Bau unseres neuen Entwicklungszentrums gibt es viele offene Fragen, scheinbar sind da alle überfordert. Mit der Planung der neuen Niederlassung in den Niederlanden kommen wir auch nicht weiter. Also habe ich mich wieder selbst darum gekümmert.«

»... und haben wieder eine 80-Stunden-Woche hinter sich«, sage ich.

»Ja, leider, tagsüber endlose Meetings, abends den Schreibtisch abarbeiten«, sagt Michael mit einem leichten Seufzer. »Scheinbar kann ich hier nichts delegieren. Mein Problem ist und bleibt, dass der Tag nur 24 Stunden und die Woche nur 7 Tage hat. Es ist einfach zu viel Arbeit.«

»Kann es vielleicht sein, dass Sie die Arbeit gar nicht abgeben wollen?«, frage ich ihn.

»Wie meinen Sie das?«

»In den 360-Grad-Interviews wurde mehrfach angezweifelt, dass Sie jemals wirklich loslassen können. Sie würden immer die Hand draufhalten, das wisse jeder im Unternehmen, hieß es da.«

»Ich weiß ja nicht genau, wer das gesagt hat, aber dass ich überall die Hand draufhalte, ist übertrieben. Ich versuche nur, den Laden zusammenzuhalten. Sonst läuft hier nämlich gar nichts«, sagt er.

Im Rahmen unseres Coachings hatte ich 360-Grad-Interviews mit ausgewählten Führungskräften im Unternehmen geführt und sie zu ihrer Sicht auf Michael als Person befragt. Ziel war es, Michael zu helfen, besser zu verstehen, wie er als CEO im Unternehmen wahrgenommen wird und welche blinden Flecken er möglicherweise in Bezug auf sein eigenes Verhalten hat. Dabei hatten sich einige deutliche Unterschiede zwischen Michaels eigener Wahrnehmung und der Fremdwahrnehmung seiner Person im Unternehmen gezeigt. Die Ergebnisse der Interviews wurden auch in einem Persönlichkeitstest bestätigt, den wir zuvor durchgeführt hatten.

Die Angst vor dem Scheitern

»Erinnern Sie sich noch an die Ergebnisse Ihres Persönlichkeitstests? Da war auch von einem ausgeprägten Kontrollverhalten die Rede«, sage ich.

»Ich schaue mir die Dinge halt lieber noch mal an, bevor sie rausgehen«, entgegnet Michael.

»Und was würden Sie riskieren, wenn Sie mal nicht draufschauen?«, hake ich nach.

»Dann würde hier alles den Bach runtergehen«, entgegnet er spontan.

»Was meinen Sie mit ›alles‹?«, frage ich.

»Die Firma, einfach alles, was ich aufgebaut habe.« Als er das sagt, wirkt er plötzlich sehr nervös.

»Bitte? Übertreiben Sie da nicht etwas? Wieso verlieren Sie gleich die ganze Firma, wenn Sie etwas Verantwortung abgeben? Riskieren Sie nicht eher etwas, wenn Sie alles selbst machen und dann keine Zeit haben, sich um die Strategie zu kümmern?«, frage ich erstaunt.

Michael schweigt einen Moment und schaut aus dem Fenster. »Wissen Sie«, beginnt er dann, »manchmal erfasst mich eine regelrechte Panik. Ich kann das nicht erklären, ich habe dann Angst, dass ich scheitere und alles plötzlich wieder verlieren könnte. Es mag verrückt klingen, aber manchmal rechne ich nachts aus, wie lange ich mit meiner Familie vom Ersparten leben könnte, wenn plötzlich kein Geld mehr reinkäme.«

»Aber warum sollte das der Fall sein?«, frage ich ihn. »Sie haben eine erfolgreiche Firma aufgebaut, Sie würden immer wieder ein neues Unternehmen aufbauen können. Andere bewundern Sie für Ihr Unternehmertalent.«

»Ich glaube, ich habe einfach nur Glück gehabt«, sagt er abwertend.

»Da muss aber viel Glück zusammengekommen sein, das ist schon statistisch betrachtet eher unwahrscheinlich. Sind Sie nicht stolz auf das, was Sie erreicht haben?«, frage ich ihn.

Michael schweigt einen Moment, dann sagt er etwas zögernd: »Sicherlich, in manchen Momenten bin ich stolz. Aber es gibt auch die anderen Momente, in denen ich mich schlecht fühle. Und dann bin ich wütend auf mich selbst, eben weil ich mich schlecht fühle.«

»Können Sie das etwas näher beschreiben?«, will ich wissen.

»Das ist eine lange Geschichte«, sagt er mit traurigem Gesichtsausdruck. »Mein Vater war nie stolz auf das, was ich mache. Er wollte, dass ich Medizin studiere und Arzt werde wie er und wie meine beiden Geschwister. Er hielt nichts von Unternehmern, von Geldmachern, wie er immer sagte. Ich war immer das schwarze Schaf in der Familie. Er hat eigentlich nur darauf gewartet, dass ich als Unternehmer scheitere, so wie früher in der Schule.« Und dann fügt er fast etwas wütend hinzu: »Aber damit habe ich abgeschlossen, das Thema ist für mich durch.«

»Und jetzt schlüpfen Sie in die Rolle Ihres Vaters und warten selbst darauf, dass Sie scheitern?«

»Wie kommen Sie denn darauf?«, fragt er erstaunt.

»Weil Sie sich selbst nicht vertrauen, obwohl Sie allen Grund dazu hätten. Solange Sie glauben, dass Sie nur Glück gehabt haben, steht Ihr Selbstvertrauen auf tönernen Füßen. Und wenn Sie sich selbst nicht vertrauen, dann können Sie auch anderen nicht vertrauen und …«

Michael unterbricht mich: »… dann werde ich zum Schaffner in unserer Firma, der zwanghaft alles kontrollieren muss.«

»So viel Selbstironie hätte ich Ihnen gar nicht zugetraut«, sage ich lachend.

»Das stammt nicht von mir«, sagt er trocken. »Das stammt von meiner Frau, sie sagt mir das jeden Tag.«

»Glückwunsch, da haben Sie aber eine aufmerksame Beobachterin an Ihrer Seite. Vielleicht sollten Sie öfter auf sie hören.«

»Sie haben recht, anscheinend ist da etwas Wahres dran.«

Kontrollverhalten ablegen

Unsere Coachingsitzung nimmt eine interessante Wendung. In den folgenden Wochen wird Michael immer mehr bewusst, wie er mit seinem Kontrollverhalten selbst zu seinem Zeitproblem beiträgt. Wir erarbeiten einen Aktionsplan. Nach und nach gelingt es ihm, Aufgaben abzugeben, auch wenn ihm das am Anfang sehr schwerfällt. Er schafft sich dadurch Freiraum für seine strategische Aufgabe und trifft endlich eine wichtige Richtungsentscheidung für das Unternehmen. Michael gewinnt dadurch an Selbstbewusstsein. Ein paar Monate später treffen wir uns zu unserer letzten Coachingsitzung.

»Ich lebe jetzt allein«, beginnt er das Gespräch.

»Haben Ihre Frau und Sie sich getrennt?«, frage ich entsetzt.

»Nein«, sagt er, »ich glaube, mein innerer Kontrolleur ist ausgezogen. Ich habe mich jetzt auch aus den letzten Gesprächen zurückgezogen, die auf unserer Liste standen, ohne dass er sich gemeldet hätte. Ich fühle mich richtig gut und bin stolz auf mich.«

»Dann haben Sie ja noch mehr Zeit für Ihre Strategie, Ihre Wettbewerber können sich jetzt warm anziehen«, sage ich. Wir lachen beide.

Was Sie von Michael lernen können

▶ *Performance-Probleme können eine völlig unerwartete Ursache haben*

Michael wollte sich Zeit erkaufen, um an seiner Strategie zu arbeiten. Er setzte Prioritäten und versuchte mehr Aufgaben zu delegieren. Da er aber unbewusst glaubte, selbst alles unter Kontrolle haben zu müssen, war dieser Versuch zum Scheitern verurteilt. Er gestaltete sich seine Welt genau so, dass sein Glaubenssatz »Ich kann niemandem vertrauen« bestätigt wurde. Die Arbeit landete wieder bei ihm auf dem Tisch. Er hatte sich selbst sabotiert. Sein Glaubenssatz wirkte wie ein vergessener »Geistercode« in seinem eigenen Betriebssystem. Was zunächst wie ein Performance- oder Zeitmanagement-Problem aussah, war in Wahrheit ein Persönlichkeitsthema.

▶ *Wer an sich arbeiten will, muss seine eigene Persönlichkeit besser verstehen*

Michael wusste, dass er ein Kontrollfreak war. Bisher hatte er diese Eigenschaft aber durchaus positiv betrachtet, er glaubte, sein Unternehmen damit zu schützen. Erst als er sich näher mit seiner Persönlichkeit beschäftigte, wurde ihm bewusst, dass er einen hohen Preis in Form langer Arbeitszeiten bezahlte und sein eigenes Unternehmen aufs Spiel setzte, das dringend eine Strategie brauchte. Diese plötzliche Erkenntnis war ausschlaggebend dafür, jetzt intensiv an sich selbst zu arbeiten. Dabei kam

Michael seine pragmatische Art zugute. Er hatte das Problem erkannt und wollte es direkt anpacken.

▶ *Es braucht Zeit, sein Verhalten zu ändern, da es über lange Zeit geprägt wurde*
Michael hatte zum ersten Mal Feedback bekommen und tat sich zunächst schwer damit, es anzunehmen. Wie ich aus Erfahrung weiß, kann das ein schmerzlicher Prozess sein. Das Feedback und der Persönlichkeitstest gaben ihm einen ersten »Fahndungshinweis« für sein Problem. Michael war entschlossen, diesen Hinweisen nachzugehen, das zeichnet ihn besonders aus. Wahrscheinlich ist sein innerer Kontrolleur nicht vollständig ausgezogen, wie Michael es beschrieb, aber er kann jetzt besser mit ihm umgehen. Schutzmechanismen wie etwa Kontrollstreben haben einen Grund, vor allem, wenn es um traumatische Erfahrungen geht. Wenn die Sichtweise auf den Glaubenssatz dann nur um zwei Prozent geändert wird, ist das bereits ein großer Erfolg.

... und wie es mit Michael weiterging, erfahren Sie am Ende dieses Kapitels.

Von Performance, Persönlichkeit und Prägung

Es gibt Wendepunkte in jeder Karriere, an denen es so scheint, als ob nichts mehr stimmen würde. Die Geschäfte laufen nicht, die Performance-Beurteilung fällt schlecht aus, das Feedback lässt sich nicht nachvollziehen. Dann wird es Zeit, der Sache auf den Grund zu gehen und einen »Blick unter die Haube« zu werfen. Es ist wichtig, die eigene Persönlichkeitsstruktur zu verstehen und sich mit den wahren Problemursachen zu befassen, die möglicherweise mit tiefliegenden Glaubenssätzen zusammenhängen, die vor lange Zeit geprägt wurden. Drei Fragen können dabei hilfreich sein:

1. Was weiß ich nicht über meine Leistung, was andere wissen?
2. Wo handele ich heute bereits im Einklang mit meinen natürlichen Präferenzen, Talenten und Werten und wo noch nicht?
3. Welche unbewussten Prozesse steuern mich immer wieder in die falsche Richtung und wie kann ich ihnen auf die Spur kommen?

Um Antworten auf diese Fragen geht es jetzt.

Performance: Wie unsere Leistung bewertet wird

Fast alle Firmen haben heute eigene Kompetenzmodelle, anhand derer Mitarbeiter entwickelt und bewertet werden. Ich selbst habe über zehn Jahre Berater bei ihrer Karriereentwicklung begleitet und dabei mit unserem internen Kompetenzmodell gearbeitet. In Professional-Services-Firmen wird besonders viel Aufwand in die Mitarbeiterentwicklung gesteckt. Das ist Teil des Geschäftsmodells, denn der Wettbewerb findet hier auf der Mitarbeiterseite statt. Wer die meisten Talente für sich gewinnt und entwickelt, gewinnt auch im Geschäft. Bestandteil einer jeden Personalentwicklung ist regelmäßiges objektives Feedback, das dabei hilft, eigene Stärken und Schwächen zu erkennen und sich zu verbessern. Voraussetzung ist, dass das Feedback angenommen und verstanden wird und die betroffenen Mitarbeiter in der Lage sind, es auch umzusetzen. Was heißt das in der Praxis?

Zwischen Identität und Reputation

Es gibt immer zwei Geschichten, die über die eigene Leistung und den eigenen Erfolg erzählt werden. Eine Geschichte erzählen wir uns selbst, die andere wird über uns erzählt. Robert Hogan, ein amerikanischer Psychologe, der für seine Innovationen auf dem Gebiet der Persönlichkeitstests bekannt ist, spricht in diesem Zusammenhang von Identität und Reputation (Hogan 2005).

Identität entsteht durch die eigene Interpretation der Erlebniswelt. Wer zum Beispiel überzeugt ist, an einem Geschäftsabschluss maßgeblich beteiligt gewesen zu sein, beurteilt sich selbst als erfolgreich. »Ohne mich läuft hier nichts«, heißt es dann selbstbewusst. Vielleicht werden die Umstände, die zum Geschäftsabschluss geführt haben, von den Kollegen aber ganz anders beurteilt, und das zur Schau gestellte Selbstbewusstsein bedient eher die eigene Reputation und den Willen, sich immer etwas zu wichtig zu nehmen. »Nun schau dir den wieder an«, heißt es dann hinter vorgehaltener Hand.

Base-Jumper, Geisterfahrer und ewige Matrosen

Wer Feedback bekommt und annimmt, kann Identität und Reputation abgleichen und daraus lernen. Feedback gibt es meistens in Form von regelmäßigen Leistungsbeurteilungen, durch 360-Grad-Interviews oder auch durch informelles Feedback von Kollegen, die ebenfalls Mitarbeiter führen. Im Idealfall werden dabei Kompetenzen und Fähigkeiten beurteilt und mit konkreten Beobachtungen und Verbesserungsvorschlägen zum eigenen Verhalten hinterlegt.

Kritisch wird es, wenn zwischen Identität und Reputation dauerhaft eine große Diskrepanz besteht. Ich habe drei Arten von Charakteren kennengelernt, denen das typischerweise passiert.

Die Base-Jumper

Vielleicht kennen Sie die Geschichte von dem Mann, der vom Dach springt und noch im Sturzflug in die zweite Etage ruft, dass soweit alles gutgegangen ist. So geht es den naiven Optimisten, die kein Feedback bekommen. Sie haben einen »blinden Fleck« (siehe dazu https://de.wikipedia.org/wiki/Johari-Fenster) und sind überzeugt, dass alles prima läuft. Wenn dann die nächste Karrierestufe nicht erreicht oder der Vertrag nicht verlängert wird, trifft es sie wie der Schlag. Hierzu zählt etwa der Quereinsteiger, der mangels Feedback an den kulturellen Stolperfallen im neuen Unternehmen scheitert. Zu dieser Gattung zählen im weiteren Sinn aber auch die hochtalentierten Neurotiker oder auch »Insecure Overachiever«. Bei ihnen verhält es sich umgekehrt: Sie gehören objektiv betrachtet zu den Besten, glauben aber mangels positiver Bestärkung, die Leistungsansprüche nicht zu erfüllen und nur mit Glück in ihre Position gekommen zu sein. Darum arbeiten sie oft bis zum Umfallen, und das ist nicht nur bildlich gemeint.

Die Geisterfahrer

Wahrscheinlich kennen Sie den Witz vom Geisterfahrer auf der Autobahn, der glaubt, in der richtigen Richtung unterwegs zu sein und sich über die 100 vermeintlichen Falschfahrer ärgert, die ihm entgegenkommen. So geht es vielen, die Feedback nicht annehmen können oder wollen. Sie haben das Gefühl, ungerecht beurteilt zu werden, und gelangen immer mehr ins Abseits. Zu dieser Kategorie zählen aber auch diejenigen, die zwar das

Feedback verstehen, für die es aber keine Bedeutung mehr hat. Sie können sich nicht mehr mit den Werten und Zielen ihrer Firma identifizieren. Sie haben innerlich bereits gekündigt, strahlen nicht mehr die gleiche Begeisterung aus wie früher und spielen möglicherweise bereits mit dem Gedanken den Job zu wechseln.

Die ewigen Matrosen

Stellen Sie sich einen Kapitän vor, der immer noch Matrose spielt. Anstatt endlich auf die Brücke zu gehen und das Steuerrad in die Hand zu nehmen, schrubbt er selbst weiterhin das Deck, weil er das besonders gut kann. So geht es denjenigen, die das Feedback, das sie erhalten, zwar verstehen, aber es in der Praxis nicht umsetzen können. Sie verfallen immer wieder in alte Verhaltensmuster und greifen auf vermeintliche Stärken zurück, die sie zwar in der Vergangenheit erfolgreich gemacht haben, die aber jetzt zum Problem werden. Sie laufen immer schneller in die falsche Richtung und kämpfen sich ab, bis es irgendwann nicht mehr geht. Um dies zu ändern, müssten sie die Ursache für ihr Verhalten verstehen. Wenn ihnen das nicht gelingt, sind sie wahrscheinlich im falschen Job, auch wenn sie es nicht wahrhaben wollen.

Und wenn es kein Feedback gibt?

Feedback ist ein Geschenk, das nicht jeder erhält. Im Rahmen einer Vorlesung an der IESE Business School in Barcelona habe ich zusammen mit MBA-Studenten nach Feedbackquellen für Unternehmer gesucht, die häufig keine Chance haben, objektives Feedback zu bekommen. Es kamen erstaunliche Ideen zusammen, von der persönlichen Mastermind-Gruppe – einer Gruppe von Freunden und Experten – bis zum Taxifahrer, der seit Jahren zum persönlichen Begleiter geworden ist und mit dem man »alles« bespricht. Alle können helfen, den blinden Fleck zu verkleinern. Nur wer Feedback aus unterschiedlichen Quellen in regelmäßigen Zeitabständen erhält, kann die Muster erkennen, die nicht zur Identität passen, und so an sich arbeiten. Dann kommen Identität und Reputation immer wieder in Übereinstimmung.

Wie ich aus Kundengesprächen, aber auch aus eigener Erfahrung weiß, wird es auf jeder Stufe der Karriereleiter immer schwieriger, objektives Feedback zu bekommen. Und spätestens, wenn es überhaupt kein negatives Feedback mehr gibt, sollten die Alarmglocken klingeln. Denn möglicherweise haben Faktoren wie Angst oder Schmeichelei zu einem verzerrten Bild der gespiegelten Stärken und Schwächen geführt. Dieses Feedback ist dann wertlos. Das ist übrigens häufig der Preis, der für den Aufstieg zu zahlen ist.

Wann haben Sie zum letzten Mal Feedback bekommen? Falls es schon etwas länger her ist, kann die folgende Übung helfen.

Übung: Aktiv Feedback einholen

Schauen Sie sich zunächst in Ruhe die folgenden Kriterien an:

	1	2	3	4	5
Problemlösungskompetenz und analytische Fähigkeiten	☐	☐	☐	☐	☐
Strategische Kompetenz	☐	☐	☐	☐	☐
Ergebnisorientierung	☐	☐	☐	☐	☐
Handlungsorientierung	☐	☐	☐	☐	☐
Wertgenerierung und Geschäftsentwicklung	☐	☐	☐	☐	☐
Expertise und Ideengenerierung	☐	☐	☐	☐	☐
Präsenz, Gravitas und Autorität	☐	☐	☐	☐	☐
Präsentation, Kommunikation und Kooperation	☐	☐	☐	☐	☐
Führungskompetenz	☐	☐	☐	☐	☐
Teamfähigkeit	☐	☐	☐	☐	☐
Mitarbeiterentwicklung	☐	☐	☐	☐	☐
Politisches Gespür	☐	☐	☐	☐	☐
Kundenmanagement	☐	☐	☐	☐	☐
Projektmanagement	☐	☐	☐	☐	☐

Welche Kriterien sind für Sie in Ihrer Rolle relevant? Bewerten Sie sich nun selbst anhand dieser Kriterien. Wie häufig zeigen Sie Ihre Fähigkeiten in diesen Dimensionen?

5 = Immer
4 = Fast immer
3 = Häufig
2 = Manchmal
1 = Selten

Bitten Sie nun zwei bis drei Kollegen, denen Sie vertrauen und die Sie gut kennen und einschätzen können, Sie nach diesen Kriterien zu bewerten. Welche Unterschiede ergeben sich zu Ihrer eigenen Bewertung? Was lernen Sie daraus?

Persönlichkeit: Was uns wirklich ausmacht

Als junger Berater bekam ich in den ersten Jahren regelmäßig zu hören, dass ich in Kundenmeetings zu still sei und sichtbarer werden müsse. Ich tat mich etwas schwer damit, daran zu arbeiten, denn ich bin von Natur aus eher ein stiller und ruhiger Mensch. Ein Kollege von mir hingegen wurde als zu dominant wahrgenommen. Auch er hatte zunächst Mühe, aus diesem Hinweis Konsequenzen zu ziehen. Es entsprach nicht seinem Naturell, zurückhaltend aufzutreten. Es gibt einen Teil in jedem Menschen, der anscheinend nichts mit Wissen und antrainierten Fähigkeiten zu tun hat, der aber für die Karriere von entscheidender Bedeutung ist. Diesen Teil versuchen die Menschen bereits seit über 2.000 Jahren zu erfassen.

Was von den Alpen bleibt, wenn die Berge weg sind

Schon Hippocrates unterschied 360 Jahre v. Chr. vier Temperamenttypen: Sanguiniker, Melancholiker, Choleriker und Phlegmatiker. Diesen vier Typen begegnen wir bis heute immer wieder in Literatur und Film, von Shakespeare bis Star Wars. Unser Temperament beschreibt angeborene und unveränderbare Neigungen und Präferenzen. Im übertragenen Sinn ist es »der Teil, der von den Alpen bleibt, auch wenn die Berge weg sind«, wie mir ein Coach einmal sagte.

Vom Temperament zu unterscheiden ist unser Charakter. Er bildet sich erst im Laufe unseres Lebens heraus und beinhaltet neben dem Temperament unsere Gewohnheiten, die uns anerzogen wurden oder die wir selbst erlernt haben. Unsere Persönlichkeit schließlich ist die Gesamtheit unserer persönlichen und individuellen Eigenschaften. Eine echte Persönlichkeit wird häufig als eine Person mit unverkennbaren, also eindeutig identifizierbaren Merkmalen beschrieben, die ihre Stärken, Schwächen und Talente einschätzen kann, sie kennt und auch zu ihnen steht, selbst wenn das Umfeld sie als eher negativ empfindet. Bei der Beschreibung und Beurteilung einer Persönlichkeit ziehen viele Menschen zudem oft auch die physische Erscheinung heran.

Endlich Daten auf dem Tisch!

Eine der für mich faszinierendsten Erkenntnisse im Laufe meiner eigenen persönlichen Entwicklung war die Tatsache, dass sich der unveränderliche Teil der Persönlichkeit messen lässt. Ich nahm seinerzeit an einem Training für Projektleiter teil. Vorab mussten wir alle einen Persönlichkeitstest machen. Im Training wurden uns dann die Ergebnisse präsentiert. »Endlich Daten auf dem Tisch!«, dachte ich, mein Ingenieursherz schlug höher. Es waren zwar keine Zahlen, wie ich gehofft hatte, es waren vier Buchstaben. Aber diese vier Buchstaben waren für mich trotzdem konkret, damit konnte ich etwas anfangen. Wir hatten den sogenannten Myers-Briggs-Type-Indicator-Test gemacht, allgemein bekannt als MBTI®-Test (siehe https://eu.themyersbriggs.com/). Bei diesem Test entscheiden sich Teilnehmer zwischen jeweils zwei Präferenzen innerhalb von vier Dichotomien:

- Woraus beziehe ich meine Energie (Extraversion vs. Introversion)?
- Wie nehme ich bevorzugt Informationen auf (Empfinden vs. Intuition)?
- Wie treffe ich Entscheidungen (Denken vs. Fühlen)?
- Wie gehe ich mit der Außenwelt um (Urteilen vs. Wahrnehmen)?

So ergeben sich 16 Kombinationsmöglichkeiten, die 16 Persönlichkeitsmustern entsprechen (Lorenz, Oppitz 2015).

Ich hatte bei meinem ersten MBTI®-Test das Gefühl, als ob mir jemand meinen ganz persönlichen »Beipackzettel« gegeben hätte. Ich lernte nicht nur, dass Teile meiner Persönlichkeit überhaupt nicht veränderbar sind – oder wenn, dann nur schwer. Ich lernte zudem, was mir aufgrund meiner persönlichen Präferenzen tendenziell leichter fiel und was mich viel Energie kostete. Das war eine Erkenntnis, die ich direkt umsetzen konnte.

So musste ich als Berater zum Beispiel lernen zu verkaufen. Aber um ehrlich zu sein, habe ich diesen Teil lange gehasst. »Ich bin kein Vertriebstyp«, dachte ich damals. Auch die üblichen Verkaufstrainings halfen nicht weiter, denn wenn ich dazu ermuntert wurde, »mal richtig aus mir rauszugehen«, hatte ich das Gefühl, neben mir zu stehen. Durch den MBTI®-Test ging mir ein Licht auf: Ich war in der falschen Richtung unterwegs. Ich bin introvertiert. Das war mir zwar schon vorher bewusst, aber jetzt hatte ich es schriftlich. Nach dieser Erkenntnis setzte ich gezielt auf die Stärken introvertierter Menschen, wie etwa Zuhören, genaues Beobachten und Ruhe ausstrahlen. Und plötzlich lief es anders – und besser: Jetzt standen die persönlichen Gespräche mit den Kunden im Vordergrund. Ich hatte nicht mehr das Gefühl, unbedingt etwas verkaufen zu müssen. Projekte ergaben sich fast von allein. Vor allem gelang es mir, jeden Tag neue Energiequellen zu erschließen.

Viele meiner Kunden haben schon einmal einen MBTI®-Test gemacht. Aber nicht alle erinnern sich an das Ergebnis und nur wenige arbeiten bewusst damit, um auch Verhaltensveränderungen herbeizuführen. Es lohnt sich, die Testergebnisse ab und zu wieder anzuschauen. Meiner Erfahrung nach eignet sich dieser Test auch sehr gut für die Arbeit mit Führungsteams. So arbeitete ich zum Beispiel mit einem Professional-Services-Team an der Verbesserung der Teamperformance. Im Rahmen eines moderierten Workshops stellte jeder sein persönliches MBTI®-Profil vor und offenbarte den Teamkollegen somit seinen persönlichen »Beipackzettel«. Das erforderte von allen Teilnehmern viel Mut und Offenheit.

Dadurch entstanden aber auch ein neues Vertrauensverhältnis und ein anderer Umgang im Team.

Sehen lernen: Den blinden Fleck entfernen

»Die zwei größten Hindernisse für eine gute Entscheidungsfindung sind Ihr Ego und Ihre blinden Flecken«, schreibt der Unternehmer und Hedgefonds-Manager Ray Dalio (Dalio 2021). Wie ich aus vielen Coachinggesprächen weiß, sind Persönlichkeitstests eine ideale Ergänzung zum Feedback, um diese blinden Flecken zu entfernen. Sie liefern einen weitgehend objektiven Blick auf die eigene Person und können helfen, Erfolge und Misserfolge besser zu verstehen. Wenn dann plötzlich Zusammenhänge und Muster erkannt werden, kommt es häufig zu einem Aha-Moment.

Persönlichkeitstests können ein guter Einstieg sein, um Skeptiker zu überzeugen. Diese ahnen zwar, dass es ein Problem gibt, aber tun sich zunächst schwer damit, den eigenen Stimmungen und Gefühlen auf den Grund zu gehen. »Für diese Gefühlsduselei habe ich keine Zeit«, sagte einmal ein Kunde zu mir. Da sich skeptische Charaktere lieber mit harten Zahlen, Daten und Fakten beschäftigen, kann der wissenschaftliche Anspruch eines aussagekräftigen Persönlichkeitstests vielleicht doch ihr Interesse wecken. Ich weiß, wovon ich spreche. Ich gehörte als bekennender Maschinenbau-Ingenieur lange selbst zu diesem Klub.

Im Labyrinth der Persönlichkeitstests

»Bist du auch INTJ?«
»Keine Ahnung. Ich bin blau. Ist INTJ auch blau?«
»Weiß ich nicht. Hat das was mit dem blauen MVPI zu tun?«
»Nein, das ist etwas anderes, da habe ich nur den gelben gemacht.«
»Ach so, HPI. Der ist so ähnlich wie Big-Five. Hast du auch den roten gemacht?«
»HDS? Leider noch nicht …«

So oder ähnlich könnte eine Unterhaltung zwischen zwei High Potentials verlaufen, die im Rahmen des Nachwuchsförderprogramms gerade diverse Persönlichkeitstests absolviert haben. Der Dialog verdeutlicht: In der Welt der Persönlichkeitstests kann man leicht den Überblick verlieren. Es gibt Hunderte von Persönlichkeitstests, angefangen von den Tests in Zeitschriften, die oft nur begrenzte Aussagekraft haben, bis hin zu wissenschaftlichen Instrumenten, mit denen sich menschliches Verhalten in der Regel gut vorhersagen lässt. Für aussagekräftige Persönlichkeitstests gibt es klare Kriterien: Sie sind objektiv, erfassen nicht vorübergehende Stimmungen, sondern Persönlichkeitselemente, die im Zeitverlauf stabil sind, sie führen so immer wieder zu denselben Ergebnissen und messen tatsächlich das, was sie zu messen vorgeben.

Welcher Test sinnvoll ist, hängt ganz von der persönlichen Fragestellung ab. Geht es um eine berufliche Richtungsentscheidung oder um die Entwicklung der eigenen Stärken? Geht es darum, als CEO blinde Flecken zu entdecken oder als Team besser zusammenzuarbeiten? Im Laufe der Jahre habe ich mit unterschiedlichen Persönlichkeitstests gearbeitet. Einige dieser zuverlässigen Tests kann jeder ohne viel Aufwand selbst machen, manchmal auch kostenfrei. Nachfolgend gebe ich Ihnen ein paar persönliche Testempfehlungen, allerdings ohne den Anspruch auf Vollständigkeit zu erheben.

Myers-Briggs-Type-Indicator-Test (MBTI®): Das Einsteigermodell

Diesen Test habe ich bereits weiter vorn beschrieben. Der MBTI®-Test wird häufig in der Führungskräfteentwicklung eingesetzt. Obwohl er nicht mehr ganz den heutigen psychologischen Erkenntnissen entspricht und etwas umstritten ist, besticht er durch das einfach zu greifende Ergebnis in Form von vier Buchstaben und ist daher in der Geschäftswelt noch weit verbreitet. Das Internet ist voll von Diskussionsforen, in denen es um die Fragen geht, welches MBTI®-Profil Steve Jobs hatte und mit welchem Profil man erfolgreicher Unternehmer werden kann. In der Ausbaustufe (Step II) zeigt der MBTI®-Test 20 Facetten der Persönlichkeit. Für den MBTI®-Test brauchen Sie einen entsprechend zertifizierten Coach oder Trainer, über den Sie Zugang zu dem Test erhalten und der Ihnen beim Verständnis der Ergebnisse hilft.

»Values in Action-Test« (VIA-Test): Für alle, die authentisch glücklich werden wollen

Meiner Erfahrung nach hilft dieser Test sehr gut bei der persönlichen Karriereplanung oder bei beruflichen Richtungsentscheidungen. Der VIA-Test basiert auf Forschungsergebnissen der beiden US-Psychologen Martin Seligman und Chris Peterson, die für ihre Arbeit auf dem Gebiet der »Positiven Psychologie« bekannt geworden sind. Ermittelt werden persönliche Charakterstärken, deren Kenntnis und Anwendung im täglichen Leben zu authentischem Glück führen können, wie Forschungsergebnisse zeigen (Seligman 2005). Im Test werden 24 Charakterstärken in eine persönliche Präferenzfolge gebracht. Die Top-5-Stärken sind die persönlichen Charakterstärken. Mehr als 750.000 Menschen haben diesen Test bisher gemacht. Der Test ist kostenfrei im Internet zugänglich.

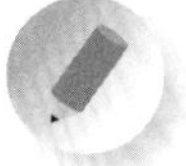

Übung: Lernen Sie Ihre Charakterstärken kennen

Gehen Sie auf https://www.authentichappiness.sas.upenn.edu/de/testcenter, dort erhalten Sie Zugang zu gleich mehreren Tests. Füllen Sie den kostenfreien Online-Test zur Ermittlung Ihrer Charakterstärken aus. Das dauert ungefähr 25 Minuten. Der Test bringt Ihre persönlichen Stärken in eine Rangfolge und zeigt Ihre fünf wichtigsten Stärken. Vielleicht wird Sie das Ergebnis überraschen. Der Test wird auch über den folgenden Link angeboten: https://www.viacharacter.org/.

StrengthsFinder®-Test: Der Karriere-Booster

Dieser Test ist hilfreich, wenn es um organisatorische Veränderungen geht und darum persönliche Fähigkeiten gefragt sind, die bisher ungenutzt geblieben sind, wie dies etwa bei einer Reorganisation der Fall ist. Er basiert auf Studien der Gallup-Organisation und eignet sich meiner Erfahrung nach für alle Führungsebenen inklusive Vorstand. Ermittelt wird die individuelle Rangfolge von 34 Talentschwerpunkten, die den Bereichen Durchführung, Einflussnahme, Beziehungsaufbau und strategisches Denken zugeordnet sind. Die Top-5-Talentthemen sind die am stärksten ausgeprägten natürlichen Talente. Im Bestseller *Entdecken Sie Ihre Stärken jetzt!* (Buckingham, Clifton 2016) gibt es einen persönlichen Zugangscode zum Online-Test. Mit einem Coach mit entsprechender Zugangsberechtigung kann auch der umfangreichere CliftonStrengths®-Test gemacht werden, der einen Überblick über die gesamte Rangfolge aller 34 Talentschwerpunkte gibt.

Keirsey Temperament Sorter: Grundkurs im Gedankenlesen

Dieser Test kann bei der Entscheidung über die Besetzung von Führungsrollen helfen. Er basiert auf dem MBTI®-Test, geht aber noch einen Schritt weiter. Unterschieden werden vier Basistemperamente, die jeweils in vier Subtemperamente unterteilt werden. Die sich daraus ergebenden 16 Varianten entsprechen den Profilen im MBTI®-Test. Für die Basistemperamente werden griffige Bezeichnungen benutzt: Idealisten, Rationalisten, Beschützer, Kunsthandwerker. Das kann eine erste Indikation dafür sein, wer für welche Art von Führungsrolle geeignet ist. Ist es eher Diplomatie (Idealisten), Strategie (Rationalisten), Taktik (Kunsthandwerker) oder Logistik (Beschützer)? Wer schon einen MBTI®-Test gemacht hat, kann die Ergebnisse leicht in Keirseys Modell übertragen und sein Basistemperament ermitteln. Ansonsten gibt es einen Fragebogen im Buch *Please Understand Me II* (Keirsey 1998).

Da Keirseys Modell auf wahrnehmbaren Persönlichkeitsmerkmalen wie zum Beispiel abstrakter oder konkreter Sprache basiert, lässt es sich im Berufsalltag auch durch einfache Beobachtung und Zuhören anwenden, und zwar ganz ohne Fragebogen. So wird beispielsweise ein Rationalist etwas abstrakt von den »Auswirkungen der Coronakrise auf die Lieferketten von Hygieneartikeln« sprechen. Ein Beschützer wird dagegen sehr konkret sagen, dass es »heute kein Toilettenpapier gibt«. Das kann in Gesprächen eine erste Indikation zum Charakter des Gegenübers liefern. Eine Coachingkollegin aus London hat mich vor ein paar Jahren auf den Keirsey Temperament Sorter aufmerksam gemacht. Ich hatte immer den Eindruck, dass sie Gedanken lesen kann. Heute weiß ich, dass ihre Erkenntnisse das Ergebnis aufmerksamer Beobachtung und der Anwendung des Keirsey-Modells sind.

Herrmann Brain Dominance Instrument-Test: Denkstile analysieren

Eine moderne Variante einer vergleichbaren 4-Typen-Kategorisierung ist der Herrmann Brain Dominance Instrument Test (HBDI®-Test), der auf dem sogenannten Whole Brain® Thinking Model basiert. Mit dem HBDI®-Test werden Denkstile analysiert. Es wird unterschieden zwischen rationalem Ich, organisatorischem Ich, fühlendem Ich und experimentellem Ich (https://hbdi.de/). Die Einteilung in vier Typen erfolgt ähnlich wie im Keirsey Temperament Sorter. Verwendet wird ein einfacher Farbcode: Blau (rationales Ich), Grün (organisatorisches Ich), Rot (fühlendes Ich), Gelb (experimentelles Ich). Dieser Test kann allerdings nur über zertifizierte Anbieter gemacht werden.

DISG-Persönlichkeitstest: Verhalten vorhersagen

Auch der DISG-Persönlichkeitstest arbeitet mit vier Grundtypen, ist aber etwas anders aufgebaut. Dieser Test ist in den Führungsetagen weit verbreitet und hilft, das eigene Verhalten sowie das Verhalten anderer besser vorherzusagen. Auch hier wird ein Farbcode verwendet: Rot (Dominant), Gelb (Intuitiv), Grün (Stetig), Blau (Gewissenhaft). Meiner Erfahrung nach ist der DISG-Test hilfreich bei der Arbeit mit Führungsteams, etwa um die Gruppendynamik besser zu verstehen. Dieser Test ist im Internet kostenfrei zugänglich (siehe https://www.mydiscprofile.com/de-de/default.php).

Hogan® Leadership Forecast: Der Rolls-Royce unter den Persönlichkeitstests

Dieser Test (siehe https://de.wikipedia.org/wiki/Hogan_Assessments) hilft vor allem dann, wenn es um Fragen des eigenen Führungsstils geht. Er basiert auf der Arbeit des bereits erwähnten Psychologen Robert Hogan und besteht aus drei Teilen. Im Potenzialbericht (HPI) werden berufsbezogene Stärken und Schwächen analysiert. Der Ansatz basiert auf dem Big-Five-Modell aus der Persönlichkeitspsychologie (siehe https://de.wikipedia.org/wiki/Big_Five_(Psychologie)). Im Risiken-Bericht (HDS) werden die Schattenseiten der Persönlichkeit aufgezeigt, etwa die Reaktion unter Stress. Im weiteren Sinn entspricht dies der aus der Neurobiologie bekannten Flucht-Kampf-Erstarrungs-Reaktion. Der Werte-Bericht (MVPI) zeigt persönliche Ziele, Werte und Interessen und erlaubt unter anderem Rückschlüsse auf den persönlichen Antrieb und den Führungsstil. Meiner Erfahrung nach ergeben sich aus der Kombination der Ergebnisse aller drei umfangreichen Berichte häufig überraschende Erkenntnisse für Führungskräfte.

Ich empfehle Ihnen, mindestens zwei Tests für einen ersten Blick »unter die eigene Haube« zu machen. So lassen sich häufig Zusammenhänge erkennen, die Ihnen vorher verborgen geblieben sind. Und vielleicht gibt es schon einen ersten Hinweis auf versteckte Antriebskräfte, die noch viel tiefer liegen und die Sie darum bisher nicht erkennen und nutzen konnten.

Prägung: Warum wir tun, was wir tun

In einer perfekten Welt würde unsere Leistung unserem Potenzial entsprechen. Ob beim Sport oder im Job, wir wären immer bei der Sache und würden alles zeigen, was wir draufhaben. In der Realität ist das leider nicht so. Es gibt Störungen, die uns davon abhalten. Es fühlt sich dann oft so an, als würden wir mit angezogener Handbremse fahren. Der US-Sportpädagoge Timothy Gallwey hat das in seinem Klassiker *The Inner Game of Tennis* beschrieben (Gallwey 1986) und später in einer Formel ausgedrückt:

Leistung (P) = Potenzial (p) – Störungen (i)

Störungen können zum Beispiel mangelnde Kenntnisse oder Fähigkeiten sein. Oft liegt es aber am Mindset, an der inneren Einstellung, also etwa am fehlenden Antrieb, mangelnden Selbstvertrauen, an fehlender Motivation oder Unsicherheit. Diese innere Einstellung hat sich im Laufe des Lebens entwickelt, auch durch Kindheitserfahrungen. An Wendepunkten im Berufsleben können diese Störungen plötzlich wie ein »Geistercode« im eigenen Betriebssystem wirken und damit verhindern, dass die erforderliche Leistung gezeigt wird, wenn es drauf ankommt. Diese Erfahrung habe ich auch selbst gemacht und möchte die hiermit verbundene Herausforderung an meinem eigenen Beispiel schildern. Ich muss zugeben, dass ich nur bei mir selbst so tief in den »Motorraum« schauen konnte.

Die Geschichte vom inneren Antreiber – ein Stück in fünf Akten

Zu den wohl schwierigsten Schritten in meiner Karriere gehörte die mentale Bereitschaft, zum Partner in einem Beratungsunternehmen aufzusteigen. Nie zuvor habe ich mehr über mich selbst gelernt. Zum ersten Mal in meinem Berufsleben habe ich damals verstanden, was meine tatsächlichen Antriebskräfte sind. Ich habe dabei Bekanntschaft mit unbekannten Teilen meiner Persönlichkeit gemacht. Auf einige Bekanntschaften hätte ich gern verzichtet.

Erster Akt: Der innere Antreiber erscheint

Im Rahmen der Vorbereitungstrainings auf meine neue Partnerrolle hatte ich diverse Persönlichkeitstests gemacht und viel über mich gelernt. Mein StrengthsFinder®-Profil zeigte eine klare Leistungsorientierung. So definierte ich mich auch selbst: hart arbeiten und die Nächte durchmachen, wenn es nötig war. Es war wie ein innerer Antreiber, der plötzlich zur Stelle war, wenn es drauf ankam. An der Vorstandspräsentation wurde dann bis morgens um 4 Uhr gefeilt, damit ja kein Detail vergessen wurde. Nie habe ich mich gefragt, wo dieser Antreiber eigentlich herkam und wer ihn eingeladen hatte. Aber es gab eine Art Muster für sein Auftauchen. Es schien mit der unterschwelligen Angst zu tun zu haben, bei der Präsentation zu versagen und mich lächerlich zu machen. Es war das klassische Profil eines »Insecure Overachievers«.

Ich tat mich aber schwer damit, mir diese Angst einzugestehen. Aber das Muster konnte ich nicht leugnen. Mein innerer Antreiber wurde immer dann unerbittlich, wenn ich mich auf Gespräche mit gestandenen Führungspersönlichkeiten vorbereitete. »Bloß nicht im Gespräch blamieren«, dachte ich dann und versuchte, jede Frage vorab zu antizipieren und intelligente Antworten vorauszudenken. In meinem persönlichen Feedback als Partner hörte ich, dass ich selbstbewusster und souveräner auftreten müsse, ich sei noch kein »Trusted Advisor«, wie es in der Beraterwelt heißt. Das schien ins Muster zu passen. Offenbar war meine Unsicherheit für andere spürbar.

Ich beschloss, jede Form von Angst zu unterdrücken und bei der Vorbereitung noch einen Gang zuzulegen. Es würde ab jetzt keine Frage mehr geben, auf die ich keine Antwort wüsste. Das würde mein Selbstbewusstsein stärken und das Thema würde sich damit erledigen. Leider war das Gegenteil der Fall. Je mehr ich versuchte, mich abzusichern, desto unsicherer wurde ich. In den Kundengesprächen versteckte ich mich jetzt hinter Bergen von PowerPoint-Folien, immer in der Angst, doch noch auf dem falschen Fuß erwischt zu werden. Ich musste der Sache tiefer auf den Grund gehen. Dabei entdeckte ich einen tückischen Mechanismus.

Zweiter Akt: Der Unbekannte taucht auf

Schon länger hatte ich mich gefragt, wer eigentlich in mir Angst hatte, Fehler zu machen. Ich hatte das unbestimmte Gefühl, dass es neben meinem inneren Antreiber noch einen anderen Teil meiner Persönlichkeit gab, der länger nicht zu Wort gekommen war. Sobald er sich doch mal meldete, kam gleich wieder der innere Antreiber und schickte ihn weg. Der mir unbekannte Aspekt meiner Persönlichkeit schien dann im Stillen mit Angst zu rebellieren. Sobald aber Gefühle von Angst in mir auftauchten, kompensierte mein innerer Antreiber das in Eigenregie mit noch mehr Leistung und Härte gegen mich selbst. Das funktionierte wie ein Perpetuum mobile: Angst, Leistung, mehr Angst, noch mehr Leistung. Meine Reaktionen waren durch diese innere Kopplung vorprogrammiert. »Neurons that fire together, wire together«, wie es in der Neurobiologie heißt.

Es war die Angst, Fehler zu machen und zu versagen, die mich bisher angetrieben hatte, das sah ich plötzlich sehr deutlich. Diese Angst hatte mich zu Höchstleistungen angespornt und mich so mit der Schubkraft einer Saturn-V-Rakete bis in die obersten Ränge unserer Firma katapultiert. Das war eine unglaubliche Erkenntnis! Aber mit diesem Antrieb kam ich jetzt nicht mehr weiter. Zum einen hätte dieser Mechanismus früher oder später zum Burn-out geführt. Zum anderen war er mit meiner Rolle als Partner inkompatibel. Denn wie konnte ich Kunden souverän gegenübertreten, wenn mich doch immer nur die Angst antrieb, mich zu blamieren? Das passte nicht zusammen. Leider gab es für dieses Dilemma keine schnelle Lösung. Ich musste mich zunächst darauf beschränken, mein Inneres zu erkunden, zu beobachten und die Zusammenhänge noch besser zu verstehen.

Dritter Akt: Ein Plan wird geschmiedet

Mein Selbstbewusstsein war durch die Fokussierung auf Fehlervermeidung völlig von den Parametern »Leistung« und »Erfolg« abhängig geworden. Bekam ich inhaltliche Kritik, so nahm ich das als Kritik an meiner Person wahr. Bekam ich Lob, stieg mein Selbstbewusstsein. Ich war süchtig nach Anerkennung. »Wenn du als echte Partnerpersönlichkeit wahrgenommen und anerkannt werden willst, musst du erst mal große Projekte verkaufen«, lautete mein Glaubenssatz. In einem Gespräch mit einem erfahrenen Kollegen wurde mir dann klar, dass ich Ursache und Wirkung verwechselt hatte. Genau andersherum wurde ein Schuh draus: Um kommerziell erfolgreich zu sein, musste ich von meinem Umfeld erst einmal als Gesprächspartner wahrgenommen und anerkannt werden, der mit den Kunden auf Augenhöhe kommunizierte. Und dazu musste ich ein leistungsunabhängiges Selbstbewusstsein entwickeln.

Dieses Selbstbewusstsein entsteht aus einem Gefühl der Zugehörigkeit und Einzigartigkeit. Es entwickelt sich nur, wenn man zu sich selbst steht und sich selbst anerkennt, mit all seinen Fehlern. Ich durfte mich also nicht länger über die Meinung anderer definieren. Ich musste stattdessen lernen, ehrlich meine eigene Meinung zu sagen. Egal, ob das meinen Kunden nun gefiel oder nicht. Aber einem wichtigen Kunden offen widersprechen? Und dann noch auf Vorstandsebene? Schon der Gedanke daran ließ mich erschauern. Meine Urangst, zu versagen, kam sofort wieder hoch. Es gab nur eine Lösung: Ich musste mich dieser Angst stellen.

Vierter Akt: Der innere Antreiber begeht einen folgenschweren Fehler

Mein innerer Antreiber erwies sich dabei als wenig hilfreich und entpuppte sich immer mehr als unangenehmer Zeitgenosse. Wie ein ungebetener Gast mit schlechten Manieren. Er schien selbst vor Sabotageakten nicht zurückzuschrecken. Wenn ich mich zum Beispiel für eine Präsentation nicht in aller Perfektion vorbereitet hatte oder den ungewöhnlichen Plan fasste, ohne PowerPoint-Folien zum Kunden zu gehen, dann gab er mir das Gefühl, mich in einem Kamikazeeinsatz zu befinden. Es war, als würde er mich innerlich anschreien und mir vorwerfen, alles aufs Spiel zu setzen, was er für mich erreicht hatte. Erstaunlicherweise liefen diese Kundengespräche dann aber sehr gut. Eigentlich hätte mir das Mut geben sollen. Aber vom Zelebrieren des Erfolgs hielt mein Antreiber überhaupt nichts. Er ignorierte das und suchte sich stattdessen ein neues Angriffsziel.

Jetzt wurde er auch in meiner Freizeit aktiv. Egal, ob beim Golfspiel oder beim Musizieren, ich ertappte ihn dabei, wie er mir auch hier ambitionierte Ziele setzte und mich unerbittlich herausforderte. Das nahm mir völlig den Spaß an der Sache, den ich früher empfunden hatte. Aber der innere Antreiber hatte damit einen folgenschweren Fehler begangen. Denn jetzt konnte ich ihn frühzeitig erkennen.

!

Sobald ich an etwas den Spaß verlor, wusste ich, dass er in der Nähe war. Ich hatte ein Warnsignal entdeckt. Und damit konnte ich mich vorsichtig und von ihm unbemerkt auf die Suche begeben.

Nach und nach kam ich dabei einer Seite meiner Persönlichkeit auf die Spur, die nichts mit Leistung zu tun hatte und der ich länger nicht begegnet war. Sie hatte keine Angst davor, Fehler zu machen, und schien das Leben etwas lockerer zu nehmen. Diese Seite war offener und kreativer, aber auch verletzlicher. Wenn sie weggeschickt wurde, reagierte sie mit Angst. Wenn sie endlich einmal zu Wort kam, hatte sie ganz erstaunliche Ideen. »Diese Seite muss ich mit zum Kunden nehmen«, dachte ich mir.

Fünfter Akt: Der Feind wird zum Verbündeten

Und so kam es dann auch. Es gelang mir tatsächlich, den unbekannten Teil meiner Persönlichkeit in einem Kundengespräch zu Wort kommen zu lassen. Und das fühlte sich ganz anders an. Ich stellte einem gestandenen Vorstand plötzlich Fragen, die ich mich nie zuvor zu stellen getraut hätte. Es gab keine Spur von Angst, mich zu blamieren. Wir sprachen über Strategie und über Organisationsentwicklung, alles ohne Vorbereitung und ohne PowerPoint. Aus einem geplanten 45-Minuten-Gespräch wurden fast drei Stunden. Dann bat der Kunde um ein Angebot für ein Beratungsprojekt in einer Größenordnung, dass es mir fast die Sprache verschlug. Und plötzlich war mein innerer Antreiber wieder zur Stelle. Aber er erschien nun als Helfer und gab mir in freundschaftlicher Art die innere Sicherheit, dass ich ein Projekt in dieser Größenordnung auch stemmen könnte. Ich hatte fast das Gefühl, dass er mir innerlich auf die Schulter klopfte und flüsterte: »Glückwunsch, gut gemacht.«

Abspann: Wie es mit den Helden weiterging

Im Laufe der Jahre habe ich noch mehr Seiten meiner Persönlichkeit kennengelernt. Sie sind inzwischen gute Freunde geworden. Sie schätzen und ergänzen sich gegenseitig. Wird die eine Seite zu dominant, meldet sich die andere zu Wort. Das funktioniert wie in einer Musikband. An manchen Tagen klingt es schräg, an anderen Tagen swingt es richtig. Alle Teile zusammen machen meine Persönlichkeit aus.

Unbewusste Prozesse und Glaubenssätze

Die Geschichte in fünf Akten mag zunächst klingen wie Robert Louis Stevensons Novelle von *Dr. Jekyll und Mr. Hyde*. Um aber als Führungskraft persönlich zu wachsen, ist es an bestimmten Punkten der Karriere erforderlich, sich intensiv mit der eigenen Person auseinanderzusetzen. Feedbacks und Persönlichkeitstests reichen dann nicht mehr aus. Unsere Persönlichkeit ist dafür zu komplex. Aus den Neurowissenschaften wissen wir inzwischen, dass unbewusste psychische Vorgänge eine hohe Bedeutung haben und unsere Entscheidungen beeinflussen. Das führt dazu, dass wir meistens das bekommen, was wir unbewusst erwarten, auch wenn wir vordergründig etwas ganz anderes wollen. Das haben wir auch am Beispiel der Fallstudie mit Michael gesehen. Dabei spielen innere Glaubenssätze eine wichtige Rolle.

Glaubenssätze gehen in der Regel auf Kindheitserfahrungen oder auf Lebens- und Sinnkrisen zurück. Sie haben mit unseren psychischen Grundbedürfnissen zu tun. Darunter verstehen wir das Bedürfnis nach Bindung und Zugehörigkeit, das Bedürfnis nach Orientierung und Kontrolle, das Bedürfnis nach Selbstwert und Selbstschutz sowie das Bedürfnis nach Lustgewinn und Unlustvermeidung (Grawe 2012). Je nachdem, ob diese Grundbedürfnisse in der Vergangenheit erfüllt oder verletzt wurden, haben wir entsprechend positive und negative Glaubenssätze entwickelt. Um negative traumatische Erfahrungen zu verdrängen und eine Wiederholung unter allen Umständen zu vermeiden, entwickeln wir Schutzmechanismen. Bei Michael war das seine Kontrollwut.

In meinem eigenen Fall kam ich schließlich dem Glaubenssatz »Ich darf keine Fehler machen!« auf die Spur, verbunden mit den Schutzmechanismen »Perfektionismus« und »Suche nach Anerkennung«. Um als Partner glaubwürdiger und souveräner zu werden, musste ich mich davon lösen.

Nur leider lassen sich Glaubenssätze nicht so einfach austauschen wie Apps auf dem Smartphone. Sie sind ein Teil von uns. Und die mit ihnen verbundenen Schutzmechanismen haben irgendwann einmal einen guten Zweck erfüllt. Wir haben sie gebildet, um uns selbst zu schützen. Sie funktionieren wie ein Wächter, an dem wir nicht vorbeikommen. Manchmal können wir sogar die Stimme dieses Wächters in uns hören: »Du musst ...«, »Wenn du nicht sofort ..., dann ...« Um diesen Wächter näher kennenzulernen, müssen wir uns selbst beobachten.

Übung: Erkennen und hinterfragen Sie Ihre negativen Glaubenssätze

Um Ihre negativen Glaubenssätze zu erkennen, stellen Sie sich folgende Fragen:

- Mit welchen Annahmen begrenze ich mich selbst? Wann sage ich mir: »Ich muss ... ich sollte ... ich darf ... ich kann nicht ... ich warte lieber bis ...«?
- Welche Muster kann ich erkennen? Geben Sie den Mustern einen Namen. Welche negativen Glaubenssätze stecken möglicherweise dahinter? Schreiben Sie sie auf.

Anschließend hinterfragen Sie Ihre negativen Glaubenssätze. Die Autorin Nancy Kline hat dazu eine sehr wirkungsvolle Methode entwickelt (Kline 1999). Schauen Sie sich Ihre negativen Glaubenssätze nochmals an und stellen Sie sich dann die folgende Frage:

- »Wie wäre es, wenn ich wüsste, dass das genaue Gegenteil der Fall ist?« Sie werden sehen: Aus *Ich muss* ... wird dann *Ich muss nicht* ... etc. Was würden Sie dann tun? Und wie würde sich das anfühlen?

Verinnerlichen Sie dieses Gefühl und wiederholen Sie die Übung ab und zu. Sie werden eine positive Veränderung spüren.

Umgang mit negativen Glaubenssätzen

Timothy Gallwey hat eine ähnliche wirkungsvolle Technik im Umgang mit negativen Glaubenssätzen im Sportbereich entwickelt, die aber auch im Berufsalltag sehr gut angewendet werden kann: Er spricht vom äußeren und inneren Spiel (Gallwey 1986), beim äußeren Spiel arbeiten wir an unserer Technik. Beim inneren Spiel hingegen setzen wir uns mit unserer Nervosität, unseren Selbstzweifeln und unserer Selbstkritik auseinander.

Es sind vor allem die Siege im inneren Spiel, die zum Erfolg beitragen. Gallwey unterscheidet dabei zwei Seiten des Selbst: Mit »Selbst 1« ist der »Bestimmer« und mit »Selbst 2« der »Macher« gemeint. Die beiden führen einen inneren Dialog. Spitzenleistungen werden erreicht, wenn »Selbst 1« und »Selbst 2« in Harmonie agieren, ähnlich wie in meinem Erlebnis in dem oben beschriebenen Kundengespräch. Das geschieht genau dann, wenn wir es in einem Zustand entspannter Konzentration einfach »geschehen lassen«, ohne uns Gedanken über die Ergebnisse zu machen. Das lässt sich durch folgende Technik erreichen:

Schritt 1: Nicht wertende Beobachtung des aktuellen Verhaltens
Schritt 2: Programmierung des Selbst mithilfe eines visuellen Bildes
Schritt 3: Geschehen lassen ohne bewusste Kontrolle, dabei nicht wertende Beobachtung der Ergebnisse

Im Berufsalltag könnte das so aussehen: Nehmen wir an, Sie wollen bei wichtigen Präsentationen souveräner wirken. Ihr negativer Glaubenssatz lautet zum Beispiel: »Ich kann nicht überzeugend präsentieren.« Zunächst beobachten Sie sich selbst bei Präsentationen, ohne zu werten. Was machen Sie konkret? Wie fühlt es sich an? Dann visualisieren Sie, wie Sie gern wirken würden. Welche Körperhaltung, Mimik und Gestik wollen Sie zeigen? Welche Sprechgeschwindigkeit anwenden? Je konkreter das Bild, das Sie visualisieren, desto besser. Halten Sie sich dieses Wunschbild vor der nächsten Präsentation vor Augen – und präsentieren Sie dann, ohne zu kontrollieren und ohne zu werten. Ihr Glaubenssatz wird dann nicht greifen, er wird für einen Moment ausgeschaltet. Das Ergebnis ist erstaunlich: Je mehr Erfolge Sie haben, desto mehr werden Ihre negativen Glaubenssätze an Wirkung verlieren.

Kurz gesagt

- Je höher Sie aufsteigen, desto weniger offenes und ehrliches Feedback bekommen Sie. Befragen Sie sich selbst immer wieder konstruktiv und kritisch.
- Nutzen Sie jede Chance, ehrliches Feedback zu bekommen, um Ihre Identität (Eigensicht) und Ihre Reputation (Fremdsicht) abzugleichen.
- Machen Sie einen anerkannten Persönlichkeitstest, um mehr über Ihr natürliches Temperament und Ihren Charakter zu erfahren.
- Versuchen Sie zu verstehen, inwieweit Sie heute bereits im Einklang mit Ihren Präferenzen, Talenten und Werten handeln oder noch nicht handeln.
- Gehen Sie Hinweisen aus den Feedbacks und Persönlichkeitstests nach und spüren Sie Ihre negativen Glaubenssätze auf.
- Beobachten Sie Ihr »inneres Spiel« und hinterfragen Sie Ihre negativen Glaubenssätze.

Für alle Neugierigen: Wie es mit Michael weiterging

Michaels Unternehmen hat sich sehr gut entwickelt, was auch mit seiner persönlichen Rolle zu tun hat. Im Anschluss an unser Coaching hat er an einem zweiwöchigen Executive-Kurs einer führenden Business-School teilgenommen. Dass er bereit war, sich als CEO die Zeit dafür zu nehmen, beweist, wie weit er sich persönlich verändert hat. Er kann heute viel besser loslassen als früher, auch wenn es immer mal wieder »Rückfälle« gibt, wie er es ausdrückt, wenn er zum Beispiel plötzlich in der Entwicklungsabteilung auftaucht und viele Fragen stellt. Aber er hat auch feste Tage geblockt, an denen er sich nur um strategische Themen kümmert. Sein Unternehmen profitiert davon.

Entsorgen: Veraltete Verhaltens-muster ablegen

» *Um neues Öl reinfüllen zu können, muss das alte erst raus. Das sollte eigentlich logisch sein. Deswegen heißt es auch Ölwechsel.* «

GUTEFRAGE.NET

Ein Auto würde ohne Motoröl nicht fahren. Das Öl sorgt für Schmierung und Kühlung des Motors. Irgendwann ist es alt und verbraucht. Dann kann nicht einfach neues Öl dazu gegossen werden, erst muss das alte Öl abgelassen und entsorgt werden, sonst nimmt der Motor Schaden. Genauso ist es in der Karriere. An bestimmten Wendepunkten ist es wichtig, sich von dem zu lösen, was bisher zum Erfolg geführt hat. Hier lauert Karriere-Stopper Nr. 3: das Unvermögen, alte Erfolgsmuster loszulassen. Aber nur wer es schafft, loszulassen, kommt weiter. Das zeigt die Geschichte von Lucy.

Fallstudie: Lucy

Es ist Dienstagabend. Ich bin mit Lucy zu einer Videokonferenz verabredet. Es ist unsere dritte Coaching-Session. Lucy und ich haben uns bisher nicht persönlich getroffen, die Lockdowns haben uns leider einen Strich durch die Rechnung gemacht. Inzwischen haben wir uns beide aber gut an das Videoformat gewöhnt. Sie ist wie immer pünktlich. »Ich habe mich schon auf unsere Session gefreut«, sagt sie. »Es gibt viel Neues zu berichten.« Lucy sitzt gemütlich am Tisch in ihrem modernen Büro. Das Ambiente passt zu ihr. An der Wand im Hintergrund hängt ein Bild, auf dem *Women in Tech* steht.

Lucys Ausgangssituation

Lucy arbeitet für ein Medienunternehmen. Vor Kurzem ist sie in den Vorstand aufgerückt und soll jetzt als Chief Digital Officer (CDO) die digitale Transformation im Unternehmen anstoßen. Zuvor hat sie sehr erfolgreich den IT-Bereich des Unternehmens geleitet. Sie zählt damit zu den Ausnahmen, denn Frauen sind in der IT-Branche immer noch eine Seltenheit. Lucy kam über Umwege in ihre heutige Rolle. Sie hat Mathematik studiert und zunächst in einer IT-Beratung gearbeitet. Seit sieben Jahren ist sie im Unternehmen und hat dort eine steile Karriere hingelegt. Sie gilt als ambitioniert und ist Expertin für Technologie und Digitalisierung.

Lucy hat eine herausfordernde Rolle übernommen. Die Medienindustrie erfährt durch die Digitalisierung einen radikalen Wandel, viele Unternehmen befinden sich im Umbruch. Die Veränderung geht weit über die technischen Aspekte hinaus. Während es früher um Effizienz, Planung und etablierte Formate ging, stehen jetzt Flexibilität, Geschwindigkeit und Innovation im Vordergrund. Hierarchien und strikte Arbeitsteilung werden durch übergreifende Zusammenarbeit und Co-Creation ersetzt. Lucys Aufgabe ist es, sowohl den technischen Wandel voranzutreiben als auch den Wandel in den Köpfen der Mitarbeiter zu bewirken.

Der Übergang in ihre neue Rolle war eine Herausforderung für sie. Zum einen steht Lucy plötzlich im Zentrum der Strategie des Unternehmens. Zum anderen wird sie immer noch in ihre alte Rolle als IT-Leiterin hineingezogen und muss sich mit den täglichen Problemen der IT-Infrastruktur herumschlagen. Im Coaching wollen wir erarbeiten, wie ihr der Sprung in die neue Rolle als Vorstandsmitglied auch mental gelingen kann.

Die neue Aufgabe annehmen und kommunizieren

»Wie lief die Vorstandssitzung letzte Woche?«, frage ich sie. »Sie wollten doch Teile der neuen Digitalstrategie vorstellen, stimmt's?«

»Das war frustrierend. Ich hatte nur 30 Minuten und konnte gerade mal die technologischen Vorausetzungen und das erforderliche Budget vorstellen. Zur Strategie bin ich gar nicht mehr gekommen. Ich hatte den Eindruck, dass meine Kollegen überhaupt nicht verstanden haben, worum es hier eigentlich geht. Dafür gab es wieder jede Menge Beschwerden zu unserer neuen IT-Infrastruktur, die bei mir abgeladen wurden.«

»Aber Sie sind doch für die IT-Infrastruktur nicht mehr zuständig, das ist doch intern jetzt anders organisiert, oder?«, frage ich.

»Ich werde aber immer noch so wahrgenommen. Ich habe mich hier in den letzten drei Jahren mit meinem Team um alle IT-Probleme gekümmert. Ich glaube, wir haben viel erreicht. Das hat mir den internen Spitznamen *Wonder Woman* eingebracht. Nur komme ich leider aus der Rolle nicht mehr raus. Einmal *Wonder Woman,* immer *Wonder Woman*. Kein Wunder also, dass einige Kollegen sich jetzt schwertun, mit mir plötzlich über Strategie zu sprechen. Ich war ja schon froh, dass mich in der Sitzung niemand gefragt hat, ob ich ihm sein Laptop neu einrichten kann«, sagt sie mit etwas Sarkasmus in der Stimme.

»Und sehen Sie sich selbst denn in Ihrer neuen Rolle als CDO oder sind Sie mental immer noch IT-Leiterin?«, will ich wissen.

»Ich muss zugeben, dass ich den Übergang gedanklich noch nicht ganz geschafft habe. Es fällt mir schwer, loszulassen. Das ist wie ein Reflex. Plötzlich kümmere ich mich doch wieder um Themen, um die ich mich als CDO eigentlich nicht mehr selbst kümmern sollte«, sagt sie nachdenklich.

»Aber solange Sie selbst Ihre alte Rolle nicht loslassen, wird es Ihnen kaum gelingen, die Wahrnehmung Ihrer Kollegen zu verändern«, sage ich.

»Das ist mir schon klar, ich muss das irgendwie *fixen* und zwar schnell«, sagt sie energisch zu sich selbst.

»*Fixen* klingt für mich eher nach IT-Leiterin als nach Strategin«, entgegne ich.

»Und was sollte ich sonst tun?«, fragt sie mich.

»Vielleicht sollten Sie die Dinge durch eine andere Brille betrachten, weniger aus der Sicht einer IT-Leiterin, die etwas *fixen* will, und mehr aus der strategischen Sicht als CDO, passend zu Ihrer neuen Identität. Dazu sollten Sie sich erst mal die richtigen Fragen stellen.«

»Und die wären?«, will Lucy wissen.

»Beispielsweise folgende: Was haben Ihre Kollegen davon, wenn sie Sie in Ihrer neuen Rolle als CDO unterstützen?«

»Ich vermute, dass es da ganz unterschiedliche Interessen gibt«, sagt sie nach einer kurzen Pause. »Einige unterstützen mich, weil auch ihr persönlicher Erfolg am Erfolg der gesamten digitalen Transformation hängt. Dazu zählt zum Beispiel unser CEO. Andere haben eher Partikularinteressen und wollen verstehen, wie die Digitalisierung ihnen helfen kann, ihren eigenen Bereich zu optimieren.«

»Und wie gut ist Ihre Beziehung zu den einzelnen Kollegen?«, hake ich nach.

»Das ist auch wieder unterschiedlich«, fährt Lucy fort. »Mit einigen habe ich eine enge Beziehung, die melden sich proaktiv bei mir. Dazu zählt unser CEO. Andere wiederum wirken eher desinteressiert und melden sich selten, da muss ich schon aktiv werden.«

»Damit haben wir doch eine gute Basis«, sage ich.

Raus aus der Komfortzone

Wir erarbeiten eine sogenannte Stakeholder-Matrix. Dabei teilen wir ihre Vorstandskollegen und alle für Lucy wichtigen Führungskräfte zunächst in zwei Kategorien ein: diejenigen, die eher taktische Eigeninteressen an der Digitalisierung haben und zum Beispiel ihren eigenen Bereich optimieren wollen, und diejenigen, die Lucys Digitalstrategie ohne Wenn und Aber unterstützen.

Jede Gruppe unterteilen wir dann noch mal in zwei Untergruppen: diejenigen, die von sich aus aktiv auf Lucy zugehen, und diejenigen, auf die Lucy zugehen muss. Anschließend entwickeln wir für jede der vier Gruppen einen individuellen Plan, mit dem Lucy diese Gruppe für ihre Ideen gewinnen kann.

»Ich muss zugeben, dass ich meine Kollegen bisher eher nach der Dringlichkeit ihrer IT-Probleme eingeteilt habe«, sagt sie lachend. »Langsam verstehe ich, was mit strategischer Vorstandsperspektive gemeint ist.«

»Wann haben Sie denn das nächste Mal Gelegenheit, über die Digitalstrategie zu sprechen?«, frage ich Lucy.

»In zwei Wochen haben wir eine Vorstandstagung, da werden die Digitalstrategie und alle damit zusammenhängenden Fragen ein Schwerpunktthema sein.«

»Und wie weit sind Sie mit der Vorbereitung?«

»Schon ziemlich weit, mein Team erstellt gerade eine umfangreiche Präsentation mit über 50 Seiten, damit werden alle Fragen beantwortet«, sagt sie stolz.

»... oder werden damit alle Zuhörer abgehängt?«, frage ich etwas provozierend.

»Warum? Was meinen Sie?«, fragt sie erstaunt.

»50 Seiten klingt für mich nach einer IT-Prozessbeschreibung, aber nicht nach einer Strategiepräsentation.«

»Vielleicht haben Sie recht«, sagt sie leise. »Wahrscheinlich kommt da schon wieder die IT-Leiterin in mir durch. Aber wie soll ich sonst alle Details der geplanten Transformation erklären?«

»Müssen Sie das denn? Was ist denn Ihr Ziel für das Gespräch?«, frage ich.

»Ich will Aufbruchsstimmung erzeugen und Vertrauen in unsere Strategie schaffen. Es geht immerhin um die Neuerfindung des digitalen Medienerlebnisses für unsere Kunden. Wir könnten eine Art *Netflix* in unserem Segment werden. Ich bin wirklich überzeugt davon, dass uns das richtig weit bringen wird.« Als sie das sagt, kann ich ihre Begeisterung selbst über die Distanz der Videokonferenz spüren. Ich hätte fast selbst Lust, in ihrem Team dabei zu sein.

»Das ist ein sehr starkes strategisches Narrativ«, sage ich. »Warum erzählen Sie dann nicht genau diese Story, statt den Vorstandskreis mit technischen Details zu langweilen? Ich glaube, Sie müssen raus aus Ihrer Komfortzone.«

»Was meinen Sie damit konkret?«, fragt Lucy.

»Was würde es bedeuten, wenn Sie nur fünf statt 50 Seiten dabeihätten und erst mal erzählen, wo Sie hinwollen? Was würde es bedeuten, wenn Sie selbst Fragen stellen, statt alle Antworten dabei zu haben? Und was würde es bedeuten, wenn Sie nicht als IT-Leiterin, sondern als CDO in das Meeting gehen und mit Ihren Kollegen auf Augenhöhe über Ihre Vision sprechen?«

Lucy überlegt einen Moment, dann antwortet sie: »Es würde bedeuten, dass ich meine alte Rolle als IT-Leiterin auch mental endgültig loslasse und in meinem Kopf Platz für meine CDO-Aufgabe schaffe.« Dann fügt sie hinzu: »Ich glaube, jetzt weiß ich, was Sie mit dem Verlassen meiner Komfortzone meinen, aber das erfordert viel Mut.«

In die neue Rolle hineinwachsen

In den nächsten zwei Wochen bereitet sich Lucy intensiv auf die bevorstehende Vorstandstagung vor. Sie nutzt die Stakeholder-Matrix, um mögliche Reaktionen zu antizipieren, und führt bereits vorab Gespräche mit einzelnen Vorstandskollegen. Sie spricht mit zwei früheren Kollegen, die heute in anderen Unternehmen in vergleichbaren Vorstandspositionen wie Lucy arbeiten und bereits Erfahrung mit umfangreichen digitalen Transformationsprogrammen gesammelt haben. Das hilft ihr, ihre Vision zu schärfen und greifbarer zu machen. Vor der Tagung versendet sie einen inspirierenden Artikel zum Thema digitale Unternehmenstransformation an ihre Kollegen, um alle auf das Thema einzustimmen.

Ein denkwürdiges Meeting

Zwei Tage nach der Tagung sind wir zu unserer nächsten Coaching-Session verabredet. Ich wähle mich pünktlich ein, aber Lucy ist nicht da. Eigentlich ist das gar nicht ihre Art. Da klingelt plötzlich mein Telefon, es ist Lucy.

»Es tut mir leid, ich konnte mich nicht einwählen, mein Computer macht Probleme. Können wir heute klassisch per Telefon sprechen?«

»Natürlich. Wie lief das Meeting?«, will ich sofort wissen.

»Super! Wir haben uns als Vorstandsteam nach langer Zeit endlich wieder persönlich getroffen«, beginnt Lucy. »Alle haben sich gefreut und wir sind mit einer guten Stimmung in das Meeting gestartet. Trotzdem, ich muss zugeben, dass ich am Anfang kalte Füße hatte. Zur Sicherheit hatte ich meine 50-Seiten-Präsentation als Back-up dabei. Aber ich habe sie nicht gebraucht. Ich habe am Anfang meine Vision auf sechs Seiten vorgestellt, dann sind wir direkt in die Diskussion eingestiegen, wie wir den Wandel als Unternehmen schaffen können und was wir dafür brauchen. Dabei kamen richtig gute Ideen heraus. Unser CFO war kaum noch zu halten und stand plötzlich selbst am Flipchart. Das habe ich noch nie erlebt. Alle Vorschläge der Digitalstrategie wurden am Ende abgesegnet und meine Kollegen haben ihre volle Unterstützung zugesichert.«

»Glückwunsch«, sage ich. »Ehrlich gesagt habe ich nicht einen Moment daran gezweifelt, dass Sie das richtig gut machen werden. Ich mache mir nur um einen Punkt Sorgen.«

»Und der wäre?«, fragt Lucy erstaunt.

»Natürlich Ihr defekter Computer«, versuche ich so ernst wie möglich zu sagen.

Lucy lacht laut ins Telefon. »Kaum zu glauben, ich habe in den letzten Wochen ganz verlernt, wie die Dinger repariert werden. Das fühlt sich plötzlich weit entfernt an.«

»Klingt so, als wenn Sie die Leinen gelöst haben«, sage ich. »Dann kann die CDO-Reise ja losgehen.«

»Ich fühle mich schon wie auf hoher See«, antwortet Lucy und lacht.

Was Sie von Lucy lernen können

- *Um sich einer neuen Rolle anzupassen, muss man alte Erfolgsmuster aufgeben*

Lucy hatte zwei Herausforderungen zu meistern. Zum einen musste sie den mentalen Schritt in die Vorstandsposition leisten. Das erforderte, dass sie sich von ihrer alten Rolle als IT-Leiterin mental löste. Dazu musste sie auch viel von dem loslassen, was sie bisher erfolgreich gemacht und was sie überhaupt erst in die Vorstandsposition gebracht hatte. Das war eine paradoxe Situation. Zum anderen musste sie ihre Beziehungen zu ihren Vorstandskollegen grundlegend erneuern. Denn diese hatten sie bisher als IT-Service-Provider wahrgenommen. Jetzt stand sie plötzlich im Zentrum der Strategie. Sie musste erst ihr altes Image loswerden, um in der neuen Rolle akzeptiert zu werden. Dieser Schritt gehört meiner Erfahrung nach zu den herausforderndsten überhaupt.

▶ *In einer Rolle anzukommen, heißt auch, das Umfeld für sich zu gewinnen*
Für die digitale Transformation brauchte Lucy die volle Unterstützung aus dem Vorstandsteam. Es wäre naiv gewesen, einfach um diese Unterstützung zu bitten, dafür waren die Partikularinteressen viel zu unterschiedlich und einige ihrer persönlichen Beziehungen noch nicht stabil genug. Es war daher zielführend, zunächst Gruppen von Stakeholdern zu definieren und sich individuelle Taktiken für den Umgang mit jeder Gruppe zu überlegen, um so die Chancen für ihre Einflussnahme zu erhöhen. Aus meiner Sicht war es auch sehr geschickt, dass Lucy die Zeit vor der Sitzung nutzte, um die Digitalstrategie in bilateralen Gesprächen »vorzuverdrahten«, Best-Practice-Beispiele zu sammeln und den Vorstand auf das Thema einzustimmen.

▶ *Das Ablegen alter Gewohnheiten erfordert manchmal aktives Ablernen*
Bei der Vorbereitung ihrer Präsentation verfiel Lucy zunächst wieder in ihre alte Rolle als IT-Expertin. Obwohl sie eine sehr starke strategische Geschichte zu erzählen hatte, war sie zunächst versucht, sich hinter technischen Details zu verstecken. Auf diesem Terrain fühlte sie sich sicher. Sie musste den Mut aufbringen, ohne diese Sicherheit in das Vorstandsmeeting zu gehen, auch, um als Person zu überzeugen. Dass sie die umfangreiche Präsentation in der Tasche hatte, wirkte wie ein unsichtbares Sicherheitsnetz und half ihr, sich aus ihrer Komfortzone zu bewegen. Mit der Sitzung selbst hatte sie nicht nur ihre Digitalstrategie durchgebracht, sondern war auch mental in ihrer Rolle als Vorstand angekommen.

… und wie es mit Lucy weiterging, erfahren Sie am Ende dieses Kapitels.

Vom Anpassen, Ablernen und Ankommen

Der Aufstieg auf der Karriereleiter erfordert die Fähigkeit, sich immer wieder anzupassen, denn mit jedem Schritt ändern sich auch die Erfolgsregeln. Das gilt für den internen Aufstieg im Konzern genauso wie für den Quereinstieg in ein anderes Unternehmen. Um in der neuen Rolle anzukommen, ist es erforderlich, zunächst die alte Rolle loszulassen – und mit ihr auch veraltete Erfolgsrezepte. Nur so wird Platz für Neues geschaffen. Häufig kann das ein regelrechtes Ablernen erfordern, ein aktives Vergessen von ausgedienten Fähigkeiten und Wissen. Im Folgenden geht es darum, wie das gelingen kann.

Anpassen: Warum alte Erfolgsrezepte plötzlich nicht mehr funktionieren

»Es ist nicht die stärkste Spezies, die überlebt, auch nicht die intelligenteste, sondern diejenige, die am besten auf Veränderungen reagiert.« Wahrscheinlich kennen Sie dieses Zitat, das Charles Darwin zugeschrieben wird. Dieses Prinzip lässt sich aus der Biologie in die Geschäftswelt übertragen. Wie Studien zeigen, ist Anpassungsfähigkeit eine der wichtigsten Fähigkeiten, die Führungskräfte beherrschen sollten.

Anpassungsfähigkeit – ein Evergreen unter den Erfolgsfaktoren

Bereits vor über 25 Jahren zeigte eine Studie des Center for Creative Leadership, wie wichtig Anpassungsfähigkeit für das Fortkommen auf der Karriereleiter ist. In dieser Studie wurden zeitlose und von der Kultur unabhängige Erfolgsfaktoren für Führungskräfte in Europa und in den USA untersucht (Leslie, van Velsor 1996). Dabei wurden Führungskräfte, die es an die Spitze geschafft hatten, denjenigen gegenübergestellt, die nicht erfolgreich waren und das Unternehmen entweder unfreiwillig verlassen mussten oder im Unternehmen blieben, aber nicht mehr befördert wurden. Diese Studie lieferte ein wichtiges Verständnis für den Erfolg in den oberen Führungspositionen. Als wesentlicher Erfolgsfaktor für Führungskräfte wurde die Fähigkeit zur persönlichen Entwicklung und Anpassung identifiziert.

Eine aktuelle Studie der Boston Consulting Group bestätigt dieses Ergebnis. In einer Befragung von über 5.000 Führungskräften und Mitarbeitern in Deutschland, China, Frankreich, Großbritannien und den USA wurden besondere Qualitäten ermittelt, die erfolgreiche Führungskräfte heute mitbringen müssen (Boston Consulting Group 2019). Neben Empathie und den Fähigkeiten, Verbundenheit und Wertschätzung zu zeigen und zuhören zu können – alles Qualitäten, die in Zeiten der virtuellen Führung besonders wichtig sind –, zählt dazu auch die individuelle Anpassungsfähigkeit. Führungskräfte müssen in der Lage sein, sich immer wieder auf neue Situationen und unerwartete Veränderungen der wirtschaftlichen Rahmenbedingungen einzustellen. Unerwartete und eher unwahrscheinliche »Black Swan«-Ereignisse wie die Pandemie und die Ukraine-Krise, die trotzdem eintreffen, unterstreichen das.

Das Grow-or-go-Prinzip: Anpassen in der Praxis am Beispiel der Beratung

Anpassungsfähigkeit ist vor allem dann gefordert, wenn eine neue Aufgabe übernommen wird. Das ist wie beim Sport: Wer bisher Kurzstreckenspezialist beim Sprint war und sich jetzt beim Marathon versucht, muss seine Lauftechnik anpassen, sonst geht ihm schnell die Puste aus. Auf der Karriereleiter ist das nicht anders. Ich spreche dabei aus eigener Erfahrung.

Häufig wird das Prinzip der Anpassung in Unternehmensberatungen *grow or go* genannt. Über viele Jahre habe ich mich neben meinen Kundenprojekten um die interne Personalentwicklung von Beratern gekümmert und viele auf ihrem Weg bis zum Senior Partner begleitet. Anpassungsfähigkeit spielt für eine Karriere als Berater eine wichtige Rolle, denn wer die nächste Stufe der Karriereleiter nicht erreicht, muss gehen. Für diejenigen, die sich nach drei bis fünf Jahren ohnehin für einen anderen Karriereweg entscheiden, ist das nicht so wichtig. Sie gründen dann zum Beispiel ihr eigenes Unternehmen oder wechseln in eine verantwortungsvolle Position bei einem Kunden. Diejenigen aber, die den Weg bis zum Partner gehen wollen, brauchen die Fähigkeit, sich auf jeder neuen Stufe immer wieder anzupassen. So wie ein Chamäleon die Farbe wechselt und dabei doch ein Chamäleon bleibt.

»Ich bin neu hier«: Quereinsteiger tun sich mit dem Anpassen oft schwer

Vielleicht kennen Sie das: Völlig unerwartet ruft der Personalberater an und möchte mit Ihnen über eine attraktive Position sprechen. Plötzlich ergibt sich die Möglichkeit für den langersehnten Sprung zum Geschäftsführer oder zum Vorstand. Vielleicht ist es sogar die Chance zum Wechsel an die Spitze eines Konzerns. Es klingt wie eine einmalige Gelegenheit, die Karriere an anderer Stelle fortzusetzen. Aber Achtung! Ein Quereinstieg kann sich so anfühlen, als würde man von einem fahrenden Zug in den nächsten springen, vor allem wenn der Sprung auf einer der oberen Führungsebenen erfolgt. Und manch einer landet dann schließlich auf den Gleisen. Auch dann ist Anpassungsfähigkeit gefragt.

Der Harvard-Professor Boris Groysberg hat sich mit diesem Thema befasst und sich die Karrieren von Analysten in Investmentbanken angeschaut. Um wettbewerbsfähig zu bleiben, sind viele Banken auf der Suche nach externen Talenten. Gesucht werden Quereinsteiger, die bisher herausragende Leistungen gezeigt und sich einen Ruf erarbeitet haben. Nicht selten übernehmen diese ihre neue Aufgabe mit entsprechend viel Vorschusslorbeeren. Groysberg fand allerdings heraus, dass viele dieser Stars und High-Potentials nach dem Wechsel einen sofortigen und dauerhaften Leistungsabfall erleben (Groysberg 2012). Sie sind nicht in der Lage, ihre Spitzenleistungen im neuen Umfeld fortzusetzen. Viele waren in weit höherem Maße von den Ressourcen, Netzwerken und der Kultur ihres früheren Umfelds abhängig, als ihnen das bewusst war. Sie schaffen es nicht, sich dem veränderten Umfeld anzupassen.

Das ist nicht nur bei Investmentbanken so. Ich habe vergleichbare Fälle in der Beratung gesehen, wo talentierte Quereinsteiger mit einer beeindruckenden Vita und nachweisbaren Erfolgen entgegen allen Erwartungen trotzdem gescheitert sind. Auch aus meiner Coachingpraxis kenne ich ähnliche Fälle, in denen der Quereinstieg nicht funktioniert hat, vom Vertriebsleiter bis zum Vorstand. Fast immer war es ein ähnlicher Grund: die mangelnde Fähigkeit, sich dem neuen Umfeld anzupassen.

Zukünftig wird Anpassungsfähigkeit wahrscheinlich ein noch wichtigerer Faktor für den Fortschritt der eigenen Karriere sein. Statistiken zeigen, dass die nachfolgenden Generationen immer häufiger den Job wechseln. So wird beispielsweise erwartet, dass 91 Prozent der Millennials, die zwischen 1977 und 1997 geborene Generation, im Laufe ihres Arbeitslebens 15 bis 20

Jobs haben werden (Meister 2012). Für diese Generation wird die Fähigkeit, schnell und effektiv in eine neue Rolle zu wechseln und sich anzupassen, zur entscheidenden Schlüsselkompetenz für die eigene Karriere.

Achtung, Stolperfalle!

Persönliche Anpassungsfähigkeit ist auch bei organisatorischen Veränderungen wie Umstrukturierungen oder Übernahmen gefordert, wenn neue Aufgaben übernommen oder Verantwortungsbereiche plötzlich abgegeben werden müssen. Das kann eine schmerzliche Erfahrung sein, mit der nicht jeder fertig wird. Sofern es aber nicht gelingt, sich selbst mit der neuen Struktur weiterzuentwickeln, kann das schnell zum Karriereende führen. So habe ich beispielsweise erlebt, dass sich ein Vertriebsleiter nach einer Reorganisation einfach nicht mit der neuen Struktur abfinden wollte und hartnäckig sein informelles Netzwerk nutzte, um weiterhin Bereiche zu steuern, für die er nicht mehr verantwortlich war. Das führte immer wieder zu Konflikten. Das Unternehmen trennte sich schließlich von ihm.

Langfristig erfolgreich sind die Führungskräfte, die in einer neuen Führungsrolle über sich selbst hinauswachsen und dabei nicht an ihre eigenen Grenzen stoßen. Aber das gelingt nicht jedem. Der Autor und Leadership-Experte Michael Watkins zeigt in seinem Bestseller *Die entscheidenden 90 Tage,* dass mangelnde Anpassungsfähigkeit mit zu den häufigsten Ursachen für das Scheitern von Karrieren zählt (Watkins 2014). Wenn der Übergang in die neue Rolle scheitert, dann vor allem deshalb, weil entweder die wesentlichen Anforderungen der neuen Rolle nicht verstanden werden oder weil die Fähigkeit und die Flexibilität fehlen, sich darauf einzustellen. Mangelnde Anpassungsfähigkeit also. Woran liegt das? Was ist das Geheimnis der Anpassungsfähigkeit?

Warum es so schwerfällt, sich anzupassen

Anpassung ist ein Paradox. Wer erfolgreich ist, steigt irgendwann auf. Natürlich glaubt man, in der neuen Rolle wieder erfolgreich zu sein, wenn man die gleichen Dinge tut, die bisher zum Erfolg geführt haben, vielleicht sogar in noch größerem Umfang. Man ist bereit, dazuzulernen, aber nicht, mit den etablierten Dingen aufzuhören – und schon gar nicht, bewährte

Gewohnheiten und Erfolgsprinzipien aufzugeben. Häufig ist aber genau diese Anpassung in der neuen Rolle erforderlich. Und das ist das Paradox:

Was mich so weit gebracht hat, bringt mich jetzt nicht mehr weiter!

Es wird jetzt möglicherweise sogar zum Problem. Und das ist zunächst nur schwer zu begreifen.

Der US-amerikanische Autor Marshall Goldsmith hat das in seinem Bestseller *What got you here won't get you there* sehr eingängig beschrieben (Goldsmith 2007). Goldsmith nennt zudem eine Reihe von destruktiven Gewohnheiten und Verhalten, die wir vielleicht in der Vergangenheit taktisch eingesetzt haben, die aber irgendwann zum Problem werden. Dazu zählen:

- der Wille, immer gewinnen zu müssen,
- die Überzeugung, sich in jeder Diskussion äußern zu müssen,
- Rechthaberei,
- Einschüchterung,
- das Bedürfnis, immer zu erklären, warum etwas nicht funktioniert,
- das Zurückhalten von Informationen,
- Selbstüberschätzung,
- die Suche nach Anerkennung,
- die Unfähigkeit, zu loben,
- Schuldzuweisungen,
- die Unfähigkeit, eigene Fehler einzugestehen,
- die Unfähigkeit, zuzuhören, und
- eine starke Selbstbezogenheit.

Aber nicht nur destruktives Verhalten, sondern auch überstrapazierte Stärken können in einer neuen Rolle zum Problem werden. »Wer als Werkzeug nur einen Hammer hat, sieht in jedem Problem einen Nagel«, soll der Schriftsteller Mark Twain gesagt haben. Wenn es bei Ihnen zum Beispiel in der neuen Position nicht so läuft wie erhofft, dann gibt es zwei Möglichkeiten: Entweder Sie erkennen, dass die neue Aufgabe etwas anderes erfordert, als Sie bisher gemacht haben. Dann leiten Sie einen Kurswechsel ein und sind bereit für den Bruch mit der Vergangenheit. Wahrscheinlich wird das zum Erfolg führen. Oder aber Sie sehen keinen Anpassungsbedarf und setzen mit aller Gewalt auf alte Stärken. Sie erhöhen einfach die Lautstärke. Das führt allerdings leider selten zum Erfolg. Im schlimmsten Fall treiben Sie sich selbst und andere damit in den Burn-out.

So stieg zum Beispiel ein Analyst, der für seine exzellenten analytischen Fähigkeiten bekannt war, zum Projektleiter mit Führungsverantwortung auf. Anstatt aber seine neue Führungsaufgabe wahrzunehmen, sein Team auszubilden und aus den Teammitgliedern genauso exzellente Analysten zu machen, wie er selbst es war, setzte er weiterhin ausschließlich auf seine analytischen Fähigkeiten. Er versuchte, jede wichtige Analyse selbst zu machen, um damit zu brillieren. Sein Team war frustriert und fühlte sich zunehmend vernachlässigt. Er entwickelte sich selbst immer mehr zum Engpassfaktor und scheiterte schließlich. Völlig demotiviert verließ er die Firma.

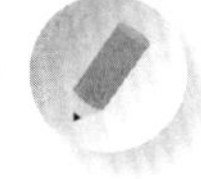

Übung: Wie haben Sie sich in der Vergangenheit angepasst?

Beantworten Sie die folgenden Fragen:

- Welche Ihrer persönlichen Prinzipien waren entscheidend für Ihren Erfolg in der Vergangenheit?
- Welche Erfolgsprinzipien mussten Sie aufgeben? Warum?
- Welche Erfolgsprinzipien müssen Sie möglicherweise aufgeben, um sich weiterzuentwickeln?

Wie kann es gelingen, sich erfolgreich anzupassen? Manchmal müssen wir dazu zunächst Platz in unserem Kopf schaffen.

Ablernen: Wenn es Zeit wird für eine Entrümpelung im Kopf

Es gibt eine Geschichte über die Begegnung eines Wissenschaftlers mit einem Zen-Meister. Der Wissenschaftler ist gekommen, da er etwas über Zen lernen möchte. Der Zen-Meister bietet seinem Gast Tee an. Während der Wissenschaftler ohne Punkt und Komma spricht und seine Theorie über Zen ausbreitet, gießt der Zen-Meister den Tee ein, immer weiter bis schließlich die Tasse überläuft. Völlig entsetzt ruft der Wissenschaftler: »Was machen Sie da? Sie verschütten alles!«, worauf der Zen-Meister ruhig antwortet: »In eine volle Tasse kann man keinen Tee eingießen.«

Abschied von veralteten Denkmustern

Unsere Köpfe sind randvoll gefüllt, es gibt kaum Platz für wirklich Neues und damit häufig auch nicht für die nötige Offenheit. Es lohnt sich, ab und zu auf das »Verfallsdatum« dessen zu schauen, was sich im eigenen Kopf angesammelt hat, um es gegebenenfalls zu entrümpeln und zu entsorgen. Was keinen Wert mehr hat, was nicht mehr hilfreich oder sogar hinderlich ist, das muss raus. Und so wie man beim Ölwechsel erst das Altöl ablässt, bevor neues Öl eingefüllt wird, müssen Sie sich erst einmal von veralteten Überzeugungen und Denkmustern trennen, bevor Sie Neues lernen können.

Ich habe das bei meinem Quereinstieg in die Beratung deutlich gemerkt. Im Vergleich zu Absolventen, die direkt von der Hochschule kamen und aufnahmefähig waren wie eine unbeschriebene »Festplatte«, brauchte ich zu Beginn deutlich länger, mich einzugewöhnen und mir neue Methoden und Fähigkeiten anzueignen. Das hatte weniger mit mangelndem Verständnis zu tun als vielmehr damit, dass ich mich von ausgedienten Methoden und Denkweisen trennen und meine »Festplatte« teilweise löschen musste, um so Platz zu schaffen und neue Dinge aufnehmen zu können. Darum verlief meine Lernkurve als Quereinsteiger in den ersten Jahren etwas flacher als die Lernkurve der Neueinsteiger in der Beratung.

»Man muss ablernen«: Wie es gelingt, im Kopf Platz zu schaffen

Aber wie kann es gelingen, im Kopf Platz zu schaffen? »Wir verbringen viel Zeit damit, Führungskräften beizubringen, was sie tun sollen. Wir verbringen nicht genug Zeit damit, ihnen zu erklären, womit sie aufhören sollen«, das soll Peter Drucker einmal gesagt haben (zitiert nach Goldsmith 2007). Und tatsächlich, es gibt heute ein schier unübersichtliches Angebot an Trainings, in denen Führungskräfte neue Methoden lernen können. Die Datenbanken der Trainingsanbieter reichen von populären Kursen wie »Agil führen« bis zu exotischen Seminaren wie »Zen-Leadership«. Leider lernen die Teilnehmer dort nur selten, womit sie aufhören müssen, und vor allem nicht, wie das dann auch gelingen kann.

»Man muss ablernen, man muss vergessen, was man weiß. Man muss sich lösen können«, hat der Schriftsteller Harry Mulisch dazu gesagt (Mulisch, Saalbach 1999). Den Begriff »Ablernen« finde ich sehr treffend, denn Ablernen ist ein aktiver Prozess, und genau darum geht es: sich aktiv von alten Gewohnheiten und Gewissheiten trennen und so Platz schaffen im eigenen Kopf. Ablernen als Gegenpol zum Lernen, das passt zum inneren Dialog bei jedem persönlichen Veränderungsprozess, der immer geprägt ist von Gegensätzen:

- erneuern und doch erhalten,
- gehen und doch bleiben,
- analysieren und dabei fühlen,
- lernen und gleichzeitig ablernen.

Ablernen ist vor allem dann wichtig, wenn alte Gewohnheiten und Überzeugungen nicht zur neuen Identität und zum neuen Umfeld passen. Dazu ein authentisches Beispiel: Ein Manager, der als Konzern-Controller in eine CFO-Position bei einem Mittelständler gewechselt war, merkte, dass sein Führungsstil nicht zum neuen Unternehmen passte. Er hatte sich im Konzern eine »Feldwebel-Mentalität« angeeignet und war überzeugt davon, dass »Teams straff geführt werden müssen«, wie er es ausdrückte. Bei jedem Anflug von Unmut machte er reflexartig eine »harte Ansage« im Team. Das stand im krassen Gegensatz zur Kultur des neuen Unternehmens, die durch Zuhören, Teamgeist, hohe Freiheitsgrade und eigenverantwortliches Handeln geprägt war. Schon nach kurzer Zeit kündigten die ersten Mitarbeiter in seinem Bereich. Weil der Manager sich sein Verhalten aber immer wieder bewusst machte, gelang es ihm sukzessive, sich seine »Ansagen« abzugewöhnen und sich der Kultur seines neuen Arbeitgebers anzupassen. Er lernte ab.

Je nach neuem Umfeld kann es unterschiedliche Verhaltensmuster geben, die es abzulernen gilt, zum Beispiel:

- das Denken in Hierarchien oder Abteilungsgrenzen
- eine übertriebene Regelorientierung
- die Angewohnheit, unabgestimmt vorzupreschen
- starke emotionale Reaktionen
- der Reflex, in die Defensive zu gehen
- der Drang, etwas zu sagen, auch wenn man nichts zu sagen hat
- unbewusste Voreingenommenheit
- die Überzeugung, immer im Recht zu sein.

Ablernen heißt, mit diesem Verhalten aufzuhören und die dahinterliegenden Denkmuster abzulegen.

Die Columbia-Katastrophe: Wenn ablernen überlebenswichtig wird

Zu den interessantesten Begegnungen in meinem Berufsleben gehört ein Gespräch mit der ehemaligen US-amerikanischen Astronautin Eileen Collins. Sie war die erste Frau, die als Pilotin ein Spaceshuttle flog. Ich hatte Gelegenheit, mit ihr persönlich auf einer Konferenz in Texas zu sprechen. Eileen erzählte mir von der Columbia-Katastrophe im Jahr 2003, deren Ursache inzwischen geklärt ist. Die Raumfähre war beim Wiedereintritt in die Erdatmosphäre auseinandergebrochen. Alle Besatzungsmitglieder kamen dabei ums Leben. Der Katastrophe war durch ein beim Start losgelöstes Schaumstoffteil verursacht worden, das ein Loch in das Hitzeschild des Shuttles gerissen hatte. Das Problem mit dem losgelösten Schaumstoffteil war zwar seit Längerem bekannt, es wurde aber von den Ingenieuren toleriert, weil es nie zu Schäden geführt hatte. Die NASA, und mit ihr alle Führungskräfte, musste sich von jener bisher tolerierten Haltung verabschieden. Und die Führungskräfte mussten kollektiv ablernen, wie Eileen es beschrieb.

Lästige Gewohnheiten loswerden – Ablernen in der Praxis

Wenn es nicht gelingt, aus den alten Denk- und Handlungsmustern auszubrechen, dann wahrscheinlich deshalb, weil man im Ausführungsmodus feststeckt. Man kann dann sein eigenes Problem nicht sehen. Gerade dann ist es wichtig, sich Zeit zum Innehalten, Nachdenken und Reflektieren zu nehmen. Denn nur, wer sich seine Gewohnheiten und sein Verhalten bewusst macht, kann sie auch abstellen. Eine Möglichkeit dazu bietet das tägliche Journal, eine Variante des klassischen Tagebuchs. Dabei werden regelmäßig gezielt ausgewählte Fragen beantwortet. Dazu hat sich die sogenannte KEEP-STOP-START-Logik bewährt:

- Was sollte ich beibehalten (KEEP),
- womit sollte ich aufhören (STOP) und
- womit sollte ich beginnen (START)?

Übung: Journaling

Nehmen Sie sich jeden Abend zehn Minuten Zeit, um über den zurückliegenden Tag zu reflektieren. Beantworten Sie dann diese drei Fragen:

1. KEEP: Welche meiner Gewohnheiten und Verhaltensweisen haben mir heute geholfen?
2. STOP: Welche meiner Gewohnheiten und Verhaltensweisen waren heute störend?
3. START: Welche neuen Gewohnheiten und Verhaltensweisen haben mir heute möglicherweise gefehlt?

Entwickeln Sie diese Übung zu einem Ritual. Sie werden erstaunt sein über die neuen Erkenntnisse, die Sie dabei über sich selbst gewinnen.

Bewusstmachung ist der erste Schritt, aber damit sind Sie noch nicht am Ziel. Das Problem mit alten Gewohnheiten und Verhaltensweisen ist, dass wir sie nicht einfach abstellen können. Sie verfügen über so etwas wie eine Massenträgheit, um es technisch auszudrücken. Einmal in Bewegung gesetzt, braucht es viel Kraft, um sie wieder zu stoppen. Sie wirken zudem wie Reflexe. Noch bevor wir uns bewusst darüber werden, haben wir doch wieder etwas gesagt oder getan, das wir eigentlich nicht mehr sagen oder tun wollten. Das geht sehr schnell. »Du hast ungefähr eine halbe Sekunde, um zu reagieren«, hat mir dazu einmal eine Meditationslehrerin gesagt.

Der Reiter und der Elefant

Scheinbar reicht es also nicht, sich rational vorzunehmen, etwas nicht mehr zu tun. In der Psychologie wird das häufig mit einem Reiter und einem Elefanten verglichen (Haidt 2006). Der Reiter stellt dabei die kontrollierten Prozesse unseres Verstandes dar, der Elefant die inneren automatischen und unwillkürlichen Prozesse. Diese automatischen Prozesse erleichtern uns das Leben im Alltag, denn wir haben weder die Zeit noch die Kapazität, jede Entscheidung von Grund auf zu durchdenken. Wenn nun aber der Elefant seine eigenen Pläne hat, dann geht er dorthin, wohin er will, und wir können nur frustriert zusehen. Anders ausgedrückt: Die automatischen Prozesse laufen unaufgefordert ab, ohne Willenskraft. Erschwerend kommt hinzu: Wir sind uns dieser Prozesse nicht bewusst. Wir kennen nur das Ergebnis. Der Elefant folgt dabei einem inneren Erhaltungsdrang und freut sich, wenn er einen Schritt in die richtige Richtung macht.

Um eine Veränderung zu bewirken, müssen Reiter und Elefant im Einklang handeln. Der Schlüssel hierzu sind Emotionen, sie können den Elefanten in Trab versetzen. Wenn wir ihn ansprechen wollen, dann müssen wir unser Schema »Analyse, Denken, Veränderung« durch das Schema »Sehen, Fühlen, Verändern« ersetzen, wie die Autoren Fred Chip Heath und Jeffrey Dan Heath in ihrem Bestseller *Switch* schreiben (Heath, Heath 2013).

Was wir brauchen, ist ein Zielbild, das uns einen emotionalen Anreiz gibt, bestimmte Gewohnheiten und Verhaltensweisen abzulegen.

Im oben beschriebenen Fall der Columbia-Katastrophe war es die Angst der NASA-Ingenieure vor einer Wiederholung eines Desasters, die zum Umdenken und Ablernen geführt hat. Viele Menschen sind tatsächlich erst bereit sich zu verändern, wenn sie eine negative Erfahrung gemacht haben. Es gibt zahlreiche Beispiele von Führungskräften einschließlich CEOs, die erst beruflich scheitern mussten, um zu verstehen, was sie an sich selbst verändern müssen.

Es sind aber nicht nur negative Gefühle, die ein Umdenken bewirken. Wer in der Lage ist, Ablernen mit positiven Gefühlen zu verbinden, kann sein Repertoire als Führungskraft deutlich erweitern. Wer mit eigenen Augen sieht, wie Mitarbeiter förmlich aufblühen und viel produktiver werden, wenn sie weniger kritisiert werden, der wird sich fortan ganz automatisch mit seiner Kritik zurückhalten und bereitwillig auch an anderen Stellen mit einem neuen Führungsstil experimentieren. Wer das hingegen noch nicht verinnerlicht und sich lediglich vorgenommen hat, weniger zu kritisieren, etwa, um an seinem eigenen Image zu feilen, der wird sich schwertun, den Elefanten im entscheidenden Moment in die richtige Richtung zu lenken. Er wird mit großer Wahrscheinlichkeit immer wieder rückfällig werden und doch wieder Kritik üben.

Ablernen ist eine Schlüsselfähigkeit. Wir machen uns damit frei von einschränkenden Gewohnheiten und Verhaltensweisen. Und dann sind wir bereit, im neuen Job auch mental anzukommen.

Ankommen: Wie es gelingt, sicher im neuen Job zu landen

Die Tinte unter dem neuen Arbeitsvertrag ist trocken, der Sekt ist getrunken, die Glückwunschmails sind alle gelesen. Jetzt kann es losgehen mit dem neuen Job. Allerdings gibt es da noch einen inneren Übergangsprozess, und der kann es in sich haben, wie ich aus eigener Erfahrung nur zu gut weiß.

Der Übergangsprozess in eine neue Rolle – ein Praxisbeispiel

Mehrfach musste ich bei meinen Übergängen von einem Job in den nächsten feststellen, dass die Reise doch nicht ganz so einfach war, wie ich mir das gedacht hatte. Da es auch hier um einen tiefen Blick ins Innere des eigenen »Motorraums« geht, möchte ich diesen Übergangsprozess an meinem eigenen Beispiel veranschaulichen und meinen Wechsel vom Ingenieur zum Unternehmensberater darstellen. Ich hatte mich sehr auf meinen neuen Job in der Beratung gefreut, fast so, wie man sich auf den nächsten Urlaub freut, weil man auf eine schöne Insel fährt. Leider hatte mich niemand vorgewarnt, dass die Überfahrt sehr stürmisch werden würde.

Abreise: Leinen los, die Überfahrt beginnt

Schon in den ersten Wochen in der Beratung merkte ich, dass es sich um eine vollkommen andere Welt handelte. Ich hatte acht Jahre in einem Industriekonzern mit Konzernzentrale und festen Strukturen verbracht. Das hatte mir nicht nur Orientierung gegeben, ich hatte unbewusst auch gelernt, ausschließlich vertikal und hierarchisch zu denken. In der Unternehmensberatung funktionierte alles ganz anders. Hier gab es eine lateral vernetzte Organisation mit zahlreichen Büros und themenspezifischen Netzwerken. Entscheidungen wurden innerhalb weniger Stunden getroffen und nicht innerhalb von Wochen, wie ich es gewohnt war. Um erfolgreich zu sein, galt es, sich horizontal mit Kollegen aus den unterschiedlichsten Fachgebieten zu vernetzen. Damit tat ich mich zunächst schwer.

Zudem wurde mir erst jetzt so richtig bewusst, dass ich mich in dem neuen Umfeld ganz neu beweisen musste. In meiner alten Firma hatte ich mir durch eine Reihe von Erfolgen einen guten internen Ruf und viel Vertrauen in meine Fähigkeiten erarbeitet, bis hinauf in den Vorstand. Wie bei einem Bankkonto, auf das ich über die Jahre eingezahlt hatte. Das hatte mir auch mentale Sicherheit und Selbstbewusstsein gegeben. Aber im neuen Umfeld kannte mich niemand. Meinen Ruf hatte ich sozusagen in der alten Firma zurückgelassen. Mein Reputationskonto stand wieder auf null. Das war eine beängstigende Erkenntnis. Ich musste also zunächst lernen, wieder ohne diese vertraute Orientierung und mentale Sicherheit zu leben, und dazu musste ich beides innerlich loslassen. Ein bisschen halfen mir dabei der Stolz und die Euphorie, es in so ein renommiertes Beratungshaus geschafft zu haben.

Unterwegs auf stürmischer See

Leider verflog dieses Gefühl in der nächsten Phase sehr schnell. Ich war in die Beratung gegangen, weil ich etwas lernen wollte. Aber ich hatte unterschätzt, wie viel ich noch lernen musste. Im Konzern hatte ich Märkte analysiert, schlanke Produktionsverfahren eingeführt, auf zahlreichen Führungstagungen präsentiert und dafür viel Beifall erhalten. Hier musste ich eine Kritik nach der nächsten einstecken. Meine Analysen seien nicht fundiert genug, auf der Folie fehle noch das »So what?« und meine Präsentation hätte keine »Storyline«. Meine erste Bewertung fiel dementsprechend mittelmäßig aus. Aus meiner avisierten Beförderung zum Projektleiter nach einem Jahr wurde nichts.

Mein Ego wurde auf eine harte Probe gestellt. Ich begann immer mehr, an mir selbst zu zweifeln und war mir plötzlich nicht mehr sicher, ob mein Schritt aus einer etablierten Position in einem Industrieunternehmen in die Beratung nicht ein riesiger Fehler gewesen war. Als mich dann auch noch mein früherer Chef anrief, dachte ich kurzzeitig sogar daran, in meine alte Firma zurückzukehren. Aber dann gab es wieder Momente, in denen ich das neue Umfeld genoss, vor allem die lockere Atmosphäre im Büro, die inspirierenden Gespräche, die intellektuelle Herausforderung und die Chance, am Thema »Unternehmensstrategie« zu arbeiten, das mich unglaublich faszinierte. Ich fühlte mich hin- und hergerissen, wie zwischen riesigen Wellen mitten auf dem Ozean.

Ankunft: Endlich Land in Sicht

Schließlich ebbten diese Wellen langsam ab, ich kam in ruhige See und konnte endlich wieder Land sehen. Nach und nach stellten sich Erfolge in meiner neuen Rolle als Berater ein. Ich hatte immer mehr Spaß an der Arbeit und lernte jeden Tag dazu. Mit etwas Verzögerung wurde ich zum Projektleiter befördert. Von da ab ging es schnell bergauf. Ich hatte das Gefühl, dass das alte Kapitel für mich abgeschlossen war und ich mich von meiner Identität als Ingenieur endgültig verabschiedet hatte. Es war dieser mentale Abschied, der für mich den tatsächlichen Neuanfang markierte.

Ein paar Jahre später kam ich noch mal mit meiner alten Welt in Berührung, so als würde ich eine Postkarte vom anderen Ende des Ozeans erhalten. Der Personalchef meiner früheren Firma rief mich an. Man wolle mit mir über eine Vorstandsposition sprechen. Natürlich nahm ich den Gesprächstermin wahr. Ich war neugierig und fühlte mich geschmeichelt. Aber schon als ich auf den Parkplatz meiner alten Firma fuhr und verblasste Erinnerungen hochkamen, wusste ich, dass ich nicht zurückkehren würde. Und so war es dann auch, ich lehnte das Angebot ab. Mein Übergangsprozess vom Ingenieur zum Berater war endgültig abgeschlossen. Eine Rückkehr hätte eine neue »Überfahrt« bedeutet, und dazu war ich nicht bereit. Diese Entscheidung habe ich nie bereut. Kurz danach wurde ich zum Partner gewählt.

Die drei Phasen des Übergangs

Der Übergangsprozess von einer Rolle und Identität in die nächste vollzieht sich in Phasen. Ich habe meine »Reise« damals in drei Phasen erlebt: zunächst das mentale Loslassen von der gewohnten Umgebung, dann das Gefühl, sich zwischen zwei Welten zu befinden, und schließlich der eigentliche Neubeginn. Es war eine Gleichzeitigkeit von Loslassen und Ankommen, die sich in zwei gegenläufigen Wellen ereignete.

Auch später, bei der Übernahme neuer Führungsaufgaben oder beim Schritt in die Selbstständigkeit als Coach, habe ich den Übergang in ähnlicher Art und Weise erlebt, allerdings nie mehr mit der gleichen Intensität wie damals. Der amerikanische Autor und Organisationsberater William Bridges und Susan Bridges haben das in ihrem Buch *Managing Transitions* ganz ähnlich beschrieben. Auch sie unterscheiden drei Phasen

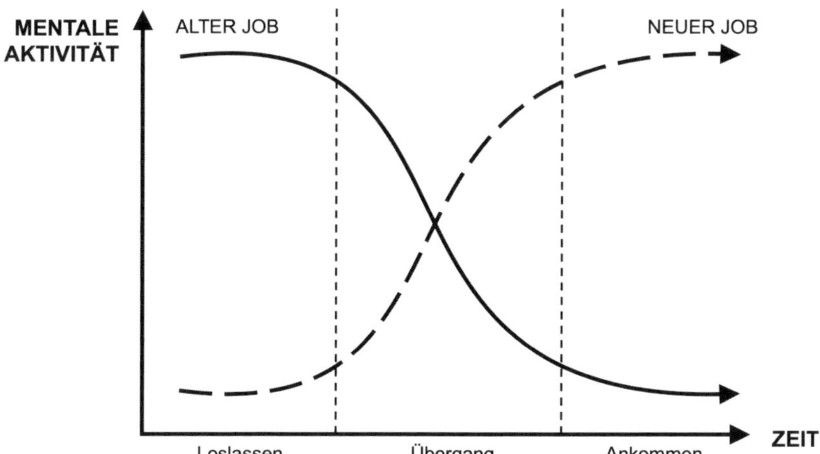

Der Übergangsprozess

des Übergangsprozesses (Bridges, Bridges 2018): den Abschied vom Alten, eine Übergangsphase und den Neuanfang. Sie schreiben, dass der Neuanfang nur dann gelingen kann, wenn zuvor das Alte endet und wir bereit sind, endgültig loszulassen. Und das ist wahrscheinlich der schwerste Schritt.

Loslassen, um einen Schritt nach vorn zu machen

Aus eigener Erfahrung, aber auch aus vielen Gesprächen mit Kunden weiß ich, wie schwer es häufig ist, loszulassen. Das gilt beim horizontalen Schritt auf der Karriereleiter genauso wie beim vertikalen Schritt. Alte Gewohnheiten und Gewissheiten zurückzulassen kann sehr schmerzlich sein. Vier Fälle begegnen mir in meiner Arbeit immer wieder, in denen das Loslassen besonders schwerfällt: das Loslassen alter Identitäten, das Loslassen der Erwartung jeder Form von Lob und Anerkennung, das Loslassen vertrauter Beziehungen und das Loslassen alter Freiheiten.

Alte Identitäten loslassen

Ein Kunde von mir, ein Ingenieur, war verantwortlich für eine Maschine vom Typ X. Intern hatte er den Spitznamen »Mr. X«. Das war seine Identität und er war stolz darauf. Er kannte sich mit allen Details des Produktes aus. Als er die Verantwortung für einen ganzen Geschäftsbereich übernahm, wurde er zu »Mr. Geschäftsbereich«. Maschine X war jetzt nur noch ein Produkt von vielen, für die er verantwortlich war. Nur fiel er leider zunächst immer wieder in seine alte Identität zurück und kümmerte sich vor allem um Fragen, die Maschine X betrafen. Hier kannte er sich aus. Fast wäre er in seiner neuen Rolle gescheitert. Das ist kein Einzelfall. Genauso ging es dem Vertriebsleiter, der eine Business-Unit übernahm, und dem CFO, der zum CEO aufstieg. Alle waren vorher in ihren früheren Rollen sehr erfolgreich und taten sich gerade deshalb schwer, ihre alte Identität loszulassen. Wir haben das auch eingangs bei Lucy gesehen.

Streben nach Lob und Anerkennung loslassen

Vor allem Perfektionisten streben nach Lob und Anerkennung. Aber Lob kreiert ein Eltern-Kind-Verhältnis, denn der Lobende agiert aus dem Eltern-Ich heraus, wie man in der Transaktionsanalyse, einem Kommunikationsmodell aus der Psychologie, sagt (Berne 2019). Das ist dann so wie damals, als uns die Eltern für gute Schulnoten gelobt haben. Wer also Lob erwartet, egal, ob von Kollegen, Kunden oder Vorgesetzten, der macht sich selbst klein. Er mag dann fachlich kompetent wirken, hat aber die Aura eines Strebers. Mit einer souveränen Führungskraft ist das nicht vereinbar, denn sie muss aus dem Erwachsenen-Ich heraus agieren und reagieren. Spätestens mit dem Schritt in die oberen Führungsetagen, ob nun als Vorstand oder Partner, gilt es daher, sich vom Streben nach Lob und Anerkennung freizumachen und »erwachsen« zu werden. Das gelingt nur mit innerem Loslassen. Lob ist übrigens nicht mit Wertschätzung zu verwechseln, denn Wertschätzung erfolgt immer auf Augenhöhe.

Alte Beziehungen loslassen

»Sobald ich dazukomme, verstummen die Gespräche der Kollegen, und zu privaten Treffen werde ich auch nicht mehr eingeladen«, beschrieb mir einmal ein Vorstand, was sich für ihn persönlich nach dem Aufstieg in die oberste Führungsetage verändert hatte. Wer es bis dahin schafft, wird möglicherweise eine besonders schmerzliche Erfahrung machen: Die Beziehungen zu früheren Kollegen, vielleicht sogar zu Freunden, werden sich verändern, ob man dies will oder nicht. »Da oben« fühlt es sich etwas einsam an. Alte Beziehungen müssen dann losgelassen werden. Das ist der Preis, der für den Aufstieg bezahlt werden muss.

Freiheiten loslassen

Eine Kundin von mir hatte ihre erste CEO-Position bei einem börsengelisteten Engineering-Unternehmen übernommen. Gleich in ihrem ersten Interview sprach sie über einen möglichen Ausstieg des Unternehmens aus einem unprofitablen Marktbereich. Über dieses Thema hatte sie schon zuvor gesprochen, aber jetzt zum ersten Mal als CEO. Sie hatte aber nicht mit der Heftigkeit der Reaktionen gerechnet, die ihr plötzlich entgegenschlugen, vom Einfluss auf den Aktienkurs bis zu emotionalen Reaktionen. Wer aufsteigt, darf nicht unterschätzen, dass die eigenen Worte und Taten dabei immer mehr Gewicht bekommen, negativ wie positiv. So können ein paar ehrlich gemeinte wertschätzende Worte eines CEOs mehr bewirken als ein Motivationswochenende auf Mallorca. Aber wenn alle Augen auf die eigene Person gerichtet sind, dann bringt das eben auch bezüglich der persönlichen Freiheiten Einschränkungen mit sich. Von diesen muss man sich verabschieden.

Übung: Den Übergangsprozess gestalten

Nutzen Sie folgende Fragen, wenn Sie sich in einem Übergangsprozess befinden:

Phase 1: Loslassen

- Wie nehmen Sie die Veränderung persönlich wahr?
- Welche alten Regeln gelten weiterhin und welche neuen Regeln gibt es?

Phase 2: Übergang

- Was würde es bedeuten, wenn Sie sich nicht verändern?
- Wenn die Herausforderung ein Geschenk wäre, welches Geschenk könnte das sein?

Phase 3: Ankommen

- Wie kann ein erfolgreicher Tag zukünftig aussehen? Worauf freuen Sie sich?
- Welche neuen Fähigkeiten brauchen Sie?

Das Ende des Übergangsprozesses markiert den neuen Anfang. Wer es geschafft hat, endlich loszulassen, ist bereit, neue Gewohnheiten zu etablieren und mit neuen beruflichen Identitäten zu experimentieren.

Kurz gesagt

- Wenn Sie als Führungskraft erfolgreich sein wollen, brauchen Sie die Fähigkeit, sich persönlich zu entwickeln und anzupassen.
- Um sich anzupassen, müssen Sie sich paradoxerweise auch von dem trennen, was Sie bisher erfolgreich gemacht hat.
- Um im eigenen Kopf Platz zu schaffen für Neues, brauchen Sie die Fähigkeit, immer wieder abzulernen.
- Ablernen hilft Ihnen dabei, alte Gewohnheiten und Verhaltensweisen abzulegen. Ablernen gelingt durch Bewusstmachung und einen emotionalen Anreiz.
- Beim Übergang von einer Führungsrolle in die nächste durchlaufen Sie drei Phasen: Loslassen, Übergang, Ankommen. Der Übergang kann herausfordernd sein.
- Um wirklich loszulassen, müssen Sie sich auch von alten Gewohnheiten und Gewissheiten trennen – und das fällt häufig besonders schwer.

Für alle Neugierigen: Wie es mit Lucy weiterging

Lucy hat den Weg von der IT-Expertin in den Vorstand inzwischen in allen Dimensionen abgeschlossen. Sie ist mental in ihrer Businessrolle angekommen, hat viel gelernt und viel Selbstvertrauen aufgebaut. Im Vorstandsteam wird sie von allen akzeptiert und die ersten erfolgreichen Pilotprojekte haben zu einer hohen Glaubwürdigkeit in ihrer Rolle als Chief Digital Officer geführt. Ihr eigener Organisationsbereich hat sich deutlich vergrößert. Vor allem aber schafft sie es sehr geschickt, auch andere Unternehmensbereiche in die digitale Transformation einzubeziehen. Sie gilt in vielerlei Hinsicht als »Mutter« der neuen digitalen Ausrichtung des Unternehmens.

AUSTAUSCHEN UND NEU STARTEN

Warum Denken nicht immer
zu neuem Handeln führt
... und warum Sie es mal umgekehrt
versuchen sollten

Ersetzen: Neue Gewohnheiten annehmen

»*Der regelmäßige Zündkerzenwechsel ist für eine einwandfreie Funktion des Motors entscheidend.*«

AUTO BILD 2019

Wenn es bei Ihrem Wagen zu Zündaussetzern kommt, er zu ruckeln beginnt und sich der Motorlauf deutlich verändert, dann wird es möglicherweise Zeit, die Zündkerzen zu wechseln. In der Karriere ist das nicht anders. Ab und zu ist es erforderlich, alte Verhaltensweisen und Fähigkeiten durch neue zu ersetzen, vor allem wenn es nach der Übernahme einer neuen Aufgabe zunächst noch nicht rundläuft. Hier lauert Karriere-Stopper Nr. 4: die Unfähigkeit, sich neue Verhaltensweisen und Gewohnheiten anzueignen. Nur wem es gelingt, immer wieder neu zu lernen, ist dauerhaft erfolgreich. Hier ist die Geschichte von Jonas.

Fallstudie: Jonas

Es ist ein verregneter Tag Anfang März. Ich treffe Jonas, einen jungen Partner aus einer renommierten Unternehmensberatung, zu unserer ersten Coachingsitzung. Jonas ist vor ungefähr einem Jahr zum Partner gewählt worden. Wie bei Professional-Services-Firmen üblich, hat er einen langen Auswahlprozess hinter sich. Als Projektleiter gehörte er zu den besten im Unternehmen und hat sich einen Ruf als Experte für die Chemieindustrie erarbeitet. Er ist bekannt für seine bohrenden Fragen, seine fundierten Analysen und sein

Fachwissen. Als Partner hat er jetzt die Verantwortung für ChemCo übernommen, einen großen Kunden aus dem Chemiesektor. Jonas soll das Geschäft mit diesem Kunden systematisch ausbauen.

Ausgangssituation

Wir sitzen in seinem Büro im zehnten Stock mit Blick auf die Stadt. Jonas wirkt müde und abgekämpft. »Ich glaube, ich bin im falschen Job«, eröffnet er unser Coachinggespräch. »Vor einem Jahr noch, als ich zum Partner gewählt wurde, dachte ich, dass es jetzt richtig gut läuft. Aber seitdem läuft eigentlich überhaupt nichts mehr. Seit ich die Verantwortung für ChemCo übernommen habe, haben wir nicht ein einziges Projekt verkauft. Wenn sich das nicht bald ändert, dann war es das hier für mich, dann kann ich mir einen neuen Job suchen«, sagt er und wirkt dabei nervös.

»Wer sagt das?«, möchte ich wissen.

»Niemand sagt das konkret, aber ich weiß ja, wie das hier läuft«, antwortet Jonas.

»Vielleicht nehmen wir erst mal an, dass es ab jetzt richtig gut läuft. Lassen Sie uns ein kleines Gedankenexperiment machen, O.K.?«, schlage ich vor.

»Gern«, antwortet Jonas neugierig.

»Stellen Sie sich einen Tag in genau acht Jahren vor. Sie sind als Partner überaus erfolgreich und werden von anderen dafür bewundert. Es ist ein ganz besonderer Tag. Was erleben Sie? Beschreiben Sie mir, was Sie sehen«, ermuntere ich ihn.

Jonas schaut nachdenklich aus dem Fenster. »Es ist ein Tag, an dem ich mich freue. Wir haben ChemCo geholfen, deutlich zu wachsen, und das Unternehmen damit auch zu einem unserer wichtigsten Kunden gemacht. Mir persönlich hat dieser Erfolg geholfen, mich als Partner intern und extern zu etablieren«, sagt Jonas.

»Etwas konkreter bitte«, hake ich nach. »Wo sind Sie gerade? Was machen Sie? Lassen Sie Ihre Fantasie spielen. Erzählen Sie mir von Ihrem Traum.«

Jonas überlegt einen Moment. »Ich stehe auf einer Bühne bei einer großen Konferenz unserer Firma«, sagt er. »Aber nicht allein, sondern zusammen mit dem ChemCo-CEO. Wir sprechen gemeinsam über die erfolgreiche Transformation seines Unternehmens. Er erzählt, wie wir als Beratung ChemCo geholfen haben, was uns ausmacht, warum sich ChemCo für uns entschieden hat und was uns vom Wettbewerb unterscheidet«, sagt Jonas mit leichter Begeisterung in der Stimme, sein Blick hellt sich auf.

»Das ist ein ganz wunderbares Bild«, sage ich. »Was unterscheidet Sie vom Wettbewerb? Was sagt der ChemCo-Vorstand dazu?«

»Wir antizipieren die Herausforderungen von ChemCo und schlagen proaktiv eine Agenda vor. Gleichzeitig sind wir empathischer, wir hören zu, wir bleiben in Kontakt und wir sagen ehrlich, was wir denken, weil wir wirklich helfen wollen«, sagt Jonas und klingt dabei richtig überzeugend.

»Perfekt«, sage ich. »Behalten Sie dieses Bild bitte lebendig im Kopf. Wie haben Sie es geschafft, dass der ChemCo-CEO Ihrer Einladung gefolgt ist?«

»Ich kenne ihn wahrscheinlich sehr gut, vielleicht weil wir uns regelmäßig treffen«, antwortet Jonas.

»Und weiter?«, will ich wissen.

»Ich habe gelernt, nicht nur kleine Projekte, sondern auch größere Programme zu verkaufen, direkt an den Vorstand«, sagt Jonas mit Leuchten in den Augen.

»Sind Sie dann ein echter Rain-Maker? Sie wissen schon, die Partner, denen das Geschäft geradezu zufliegt.«

»Das wäre ein langfristiger Traum von mir, aber ich weiß nicht, ob ich das Zeug dazu habe«, antwortet Jonas etwas bescheiden.

»Davon gehen wir im Moment mal aus«, sage ich. »Für mich klingt Ihre Beschreibung nach jemandem, der nicht nur verkaufen kann, sondern der das Verkaufen auch liebt. Wie oft treffen Sie den ChemCo-CEO?«

»Ehrlich gesagt, habe ich ihn erst ein Mal getroffen«, antwortet Jonas und wirkt etwas verlegen.

»Und wen treffen Sie sonst von ChemCo?«, frage ich ihn.

»Das ergibt sich eher zufällig«, sagt Jonas. »Es ist nicht ganz leicht, bei ChemCo Termine zu bekommen. Wir konzentrieren uns daher erst mal auf eine umfangreiche Marktstudie für den Chemie-Sektor. Sobald sie fertig ist, werden wir versuchen, Termine zu bekommen, und die Studie vorstellen.«

»Das klingt aber weniger nach dem Profil eines Rain-Makers als vielmehr nach dem Profil eines Analysten«, entgegne ich etwas provozierend.

»Was meinen Sie damit?«, fragt Jonas erstaunt.

»Na ja, Sie machen weiterhin das, was Sie ohnehin gut können: Märkte analysieren. Wenn Sie ein Rain-Maker werden wollen, dann müssen Sie Rain Making üben. Sie haben gesagt, dass Sie zukünftig regelmäßig Ihren wichtigsten Kunden treffen möchten und lernen wollen, größere Beratungsprogramme zu verkaufen. Wie viele Stunden pro Woche verbringen Sie denn heute mit der Entwicklung Ihrer Kundenbeziehungen und damit, verkaufen zu lernen?«

»Wahrscheinlich viel zu wenig«, sagt Jonas. »Nicht mal eine Stunde pro Woche.«

»Vielleicht ist es dann an der Zeit, das zu ändern und sich neue Gewohnheiten anzueignen«, ermuntere ich ihn.

»Und die wären?«, fragt Jonas neugierig.

»Was macht denn ein Rain-Maker den ganzen Tag?«, frage ich zurück.

Jonas denkt einen Moment nach, dann antwortet er: »Er steht regelmäßig mit seinen Kunden in Kontakt, hat immer eine Liste mit heißen Themen, die sich eventuell zu Projekten entwickeln lassen, und bleibt dran, komme was da wolle.«

»Da haben wir doch schon ein wunderbares Übungsprogramm«, sage ich.

Neue Gewohnheiten verankern

Gemeinsam erarbeiten wir einen Plan. Jonas erstellt zunächst eine Liste seiner wichtigsten ChemCo-Kontakte. Jeden Kontakt bewertet er anhand von zwei Fragen: Wie wichtig ist die betreffende Person für eine Kaufentscheidung? Wie eng ist seine persönliche Beziehung zu dieser Person beziehungsweise wie schnell bekommt er einen Termin? Damit kann er seine Kontakte entsprechend priorisieren und sich beim Ausbau seines Netzwerks Ziele setzen. Aus dem Ergebnis extrahieren wir eine kurze Liste der wichtigsten zehn Personen bei ChemCo, mit denen er sich ab jetzt regelmäßig austauschen will. Hinter jeden Namen schreibt Jonas die nächste geplante Aktivität.

Anschließend erstellt er eine Liste mit allen aktuellen ChemCo-Leads oder -Themen, aus denen möglicherweise Projekte werden könnten. Hier unterscheidet Jonas, ob es sich lediglich um erste Ideen handelt, ob er mit ChemCo bereits zu dem Thema gesprochen hat, ob er schon ein Angebot geschrieben hat oder ob er bereits in der Verkaufsverhandlung ist. Damit bekommt er ein gutes Gefühl für seinen potenziellen Geschäftserfolg als Partner im laufenden Jahr.

Ergänzend nimmt sich Jonas vor, ab jetzt jede Woche 30 Minuten in seinem Kalender zu blocken, um konkrete Aktivitäten wie etwa Telefonate, Videokonferenzen oder Verabredungen zum Essen mit wichtigen ChemCo-Kontakten für die Folgewoche zu planen. Er möchte kleine, aber regelmäßige Business-Development-Aktivitäten zu einer neuen Gewohnheit machen. Jonas vereinbart mit seiner Assistentin, dass sie ihn immer wieder an seinen Plan erinnert und eigenständig Termine einstellt, um ihm zu helfen, kontinuierlich dranzubleiben. In den folgenden Monaten setzt er den Plan Schritt für Schritt um. In unseren Coachingsitzungen diskutieren wir immer wieder den aktuellen Stand und mögliche Kurskorrekturen. Nach einer längeren Pause treffen wir uns an einem sonnigen Dezembertag zur letzten Coachingsitzung.

Den Schwungradeffekt nutzen

»Und, wie steht es mit ChemCo?«, will ich direkt wissen.

Jonas lacht, die Sonne leuchtet durch das Fenster auf sein Gesicht. Er sieht verändert aus, voller Energie. »Ich hätte nie gedacht, dass eine neue Gewohnheit so viel verändern kann. Es ist, als wenn wir ein Schwungrad angeworfen hätten, das nicht mehr zu stoppen ist. Wir bekommen immer mehr Termine, auch mit dem Vorstand. Ich habe viel über ChemCo gelernt, das Unternehmen liegt mir jetzt richtig am Herzen. Es fühlt sich an wie in einer echten Beziehung, mit Kribbeln im Bauch.« Und dann fügt er geheimnisvoll hinzu: »Wir haben uns am Freitag sogar das Jawort gegeben.«

»In welcher Form?«, frage ich neugierig.

Sofort platzt es aus ihm heraus: »Der ChemCo-CEO hat uns am Freitag den Zuschlag für ein wichtiges Projekt gegeben. Es geht um die Unternehmensstrategie für die nächsten fünf Jahre, daraus kann etwas richtig Großes entstehen«, sagt Jonas stolz. »Das ist nicht nur ein Erfolg für das Team und für mich persönlich, es ist auch ein Meilenstein für unsere Beratung, denn es ist das erste Mal, dass wir ChemCo bei der zentralen Unternehmensstrategie unterstützen.«

»Herzlichen Glückwunsch! Kann es vielleicht sein, dass Sie über dieses Projekt in ein paar Jahren gemeinsam mit dem CEO auf einer internen Konferenz sprechen werden? Ich habe da so eine Vorahnung ...«, sage ich.

»Schon möglich«, sagt Jonas und lacht.

Was Sie von Jonas lernen können

▶ *Eine kraftvolle Vision erzeugt einen positiven Gemütszustand*

Jonas hatte seine hohen Ansprüche an sich selbst im ersten Jahr als Partner nicht erfüllt. Das hatte starke Stressreaktionen und Verlustängste in ihm ausgelöst. Es war daher wichtig, ihn zunächst in einen positiven Gemütszustand zu bringen. Das gelang, indem er sich mit seinen langfristigen Träumen und seiner Vision, Rain-Maker zu werden, beschäftigte. So konnte er auch erkennen, dass seine bisherigen Aktivitäten als Partner nicht zum Erfolg geführt hätten. Marktanalysen hatten ihn in der Vergangenheit erfolgreich gemacht. Als Partner wurde er jetzt aber an seiner Fähigkeit gemessen, Kundenbeziehungen aufzubauen und Beratungsmandate zu verkaufen. Dazu brauchte er neue Fähigkeiten und Gewohnheiten.

▶ *Ein Karrieresprung erfordert häufig auch neue Verhaltensweisen*
Jonas entwickelte zunächst einen konkreten Aktionsplan, wie er sein Netzwerk beim Kunden ausbauen und seine Chancen bei zukünftigen Projekten erhöhen konnte. Da er jetzt sah, wie er erfolgreich werden konnte, verschwand seine diffuse Angst vor dem Versagen. Entscheidend war aber, dass er aus seiner Vision ein persönliches Lernprogramm ableitete, um sich neue Gewohnheiten und Fähigkeiten anzueignen. Mit dem Kunden-Aktionsplan allein, also ohne dieses Lernprogramm, wäre er wahrscheinlich nicht erfolgreich geworden.

▶ *Rhythmus und Vibration lassen sich für jede Form von Veränderung nutzen*
Jonas entschied sich bewusst dazu, kleine, aber regelmäßige Schritte zu machen. Durch diesen gleichmäßigen Rhythmus an Business-Development-Aktivitäten erzeugte er eine Serie von kleinen Erfolgen, mit denen er sich selbst immer wieder bestärken und motivieren konnte. Er versetzte sich damit selbst in eine positive Vibration. Das war ganz entscheidend für seinen Erfolg. Indem er seine Assistentin bat, ihn immer wieder an die Termine zu erinnern, stellte er sicher, dass er seinen Rhythmus beibehielt. In der Psychologie würde man hier von einem »Nudge« sprechen, also einem Denkanstoß.

... und wie es mit Jonas weiterging, erfahren Sie am Ende dieses Kapitels.

Von Visionen, Verhaltensweisen und Vibration

Wer sich als Führungskraft weiterentwickeln will, braucht eine kraftvolle Vision, die Richtung gibt, neue Verhaltensweisen und Gewohnheiten, die helfen, die neuen Herausforderungen zu meistern, und ein System, mit dem der persönliche Veränderungsprozess immer wieder in Vibration versetzt und somit aufrechterhalten werden kann.

Vision: Warum es besser ist, zu träumen, als zu grübeln

»Wenn du ein Schiff bauen willst, beginne nicht damit, Holz zusammenzusuchen, Bretter zu schneiden und die Arbeit zu verteilen, sondern erwecke in den Herzen der Menschen die Sehnsucht nach dem großen und schönen Meer.« Sicherlich kennen Sie dieses bekannte Zitat von Antoine de Saint-Exupéry *(Die Stadt in der Wüste).* Auch wenn wir uns persönlich weiterentwickeln und Baumeister in eigener Sache werden wollen, spielen Sehnsucht und Träume eine wichtige Rolle. Wir brauchen dann ein Bild von der idealen Zukunft in Form einer kraftvollen persönlichen Vision, bevor wir mit der eigentlichen Veränderung beginnen können. Dazu gilt es, zunächst zu verstehen, was uns motiviert und antreibt.

»Im Motorraum«: Was uns motiviert und antreibt

Fast zehn Jahre habe ich in unserer Firma das Recruiting in Deutschland mitverantwortet. Ich habe in dieser Zeit über 1.000 Einstellungsgespräche mit jungen Absolventen geführt. Für die meisten wäre der Schritt in eine renommierte Unternehmensberatung die Erfüllung eines Lebenstraums gewesen. Jedem habe ich dieselbe Frage gestellt: »Warum wollen Sie in die Beratung?« Nicht mal zehn Kandidaten haben geantwortet, dass es das Beraten an sich sei, was sie reize. Auch das Gehalt spielte eher eine sekundäre Rolle. Fast alle haben ihre Bewerbung mit dem Wunsch begründet, etwas lernen und bewegen zu wollen.

Um glücklich und zufrieden zu sein, wollen wir einen Sinn in unserer Arbeit sehen, wir müssen wissen, weswegen wir sie verrichten. Es gibt sehr unterschiedliche Motive, die der Arbeit Sinn verleihen und uns antreiben können. Der Wunsch, etwas Neues zu lernen und etwas zu bewegen, gehört zu den intrinsischen Motiven. Dazu zählt zum Beispiel auch die Möglichkeit, die eigenen Talente zu nutzen oder die persönlichen Leidenschaften auszuleben. Daneben gibt es extrinsische Motive, dazu zählen das Gehalt und der berufliche Status.

Die Praxis zeigt, dass ein hohes Einkommen und beruflicher Status nicht zu tiefer und lang anhaltender Erfüllung führen. Natürlich verschafft Geld finanzielle Freiheit, und Status erfüllt mit Stolz. Aber die Befriedigung, die diese extrinsischen Motive mit sich bringen, vergeht schnell. Wie hoch das Gehalt, wie bedeutend der Status auch ist – man gewöhnt sich daran. Und spätestens, wenn der Kollege einen höheren Bonus bekommt oder schneller befördert wird, ist man unzufrieden und will noch mehr. Diese Spirale kennt kein Ende. Deshalb wird es kaum gelingen, über Geld und Status echte Sinnerfüllung und dauerhaftes Glück zu finden.

Auch beruflicher Erfolg allein führt nicht zu dauerhaftem Glück. Denn wer seine Zufriedenheit und sein Glück nur vom beruflichen Erfolg abhängig macht, läuft Gefahr, von jedem Misserfolg sofort aus der Bahn geworfen zu werden. Tatsächlich funktioniert die Formel genau umgekehrt:

Wer glücklich ist, schafft damit die wichtige Voraussetzung, um auch erfolgreich zu sein.

»Warum?!« – Oder: Die Suche nach dem eigenen Lebenszweck

Wie lässt es sich erreichen, in der Arbeit glücklich zu werden? Ich bin vielen Führungspersönlichkeiten begegnet, die erfolgreich und gleichzeitig sehr glücklich sind. Sie alle haben etwas gemeinsam: den inneren Wunsch, etwas zum Positiven zu verändern, verbunden mit Leidenschaft und Talent. Es ist das persönliche »Warum«, das sie nach Rückschlagen immer wieder aufrichtet und weitermachen lässt. Es wirkt wie ein Magnet, der ihren Handlungen Sinn und Zugkraft gibt. Gleichzeitig ist es ein Kompass, der ihnen hilft, Entscheidungen zu treffen. Ein persönliches »Warum« zu haben, ist der sicherste Weg zu einem zufriedenen und glücklichen Leben. »Hat man ein Warum des Lebens, verträgt man sich fast mit jedem Wie« hat der Philosoph Friedrich Nietzsche in seiner *Götzen-Dämmerung* dazu gesagt.

Die Frage nach dem »Warum« stellen sich Menschen seit Hunderten von Jahren, nicht erst seit Simon Sineks Bestseller *Frag immer erst: warum* (Sinek 2014). In Japan gibt es für diese Suche bereits seit dem 14. Jahrhundert den Begriff *Ikigai*, was frei übersetzt so viel bedeutet wie »das, wofür es sich zu leben lohnt«. Zeitgemäß ausgedrückt ist das der Grund, warum wir jeden Morgen aufstehen.

Übung: Ikigai

Ikigai umfasst vier zentrale Fragen, mit denen Sie sich nun beschäftigen:

- Was liebe ich?
- Worin bin ich gut?
- Wofür werde ich bezahlt?
- Was braucht die Welt?

Erinnern Sie sich bei der Übung auch an Episoden in Ihrem Leben, die Sie als bedeutsam und bewegend empfunden haben. Welche wiederkehrenden Gefühle oder Themen gibt es in diesen Geschichten? Was sticht besonders heraus? Fragen Sie auch Ihre Familie und Ihnen nahestehende Freunde, wie sie die Fragen für Sie beantworten würden.

Die Schnittmenge Ihrer vier Antworten ist Ihr *Ikigai*, es entspricht Ihrem persönlichen »Warum«. Es ist das, was Sie antreibt. Darum: Schreiben Sie Ihre Erkenntnisse unbedingt auf!

Wahrscheinlich werden Sie ihr »Warum« nicht gleich beim ersten Versuch aufspüren. Es ist kein Fundstück, das man plötzlich entdeckt. *Ikigai* ist ein Prozess. Man sollte seinem »Warum« etwas Zeit geben, um in die Welt zu kommen. Immer wieder nimmt man neue Impulse auf, die es zu verarbeiten gilt. Denken Sie dabei an Michelangelo. Er war davon überzeugt, dass in einem Stein bereits ein wunderschönes Kunstwerk existieren könnte und seine Aufgabe nur darin bestand, es freizulegen. Genauso können Sie Ihr »Warum« freilegen, Stück für Stück. Das braucht Geduld, aber Sie wollen ja schließlich auch herausfinden, wer Sie sind und was Sie antreibt. Wollen Sie Menschen zusammenbringen? Die Arbeitswelt revolutionieren? Anderen auf ihrem Lebens- und Berufsweg helfen? Einen Beitrag leisten, um unseren Planeten zu schützen? Nehmen Sie sich etwas Zeit, um das herauszufinden.

Sobald Sie Ihr »Warum« gefunden haben, können Sie sich an die Arbeit machen und es in eine konkrete Vision übersetzen.

Wie Sie den Lebenszweck mit einer kraftvollen Vision greifbar machen

Eine persönliche Vision bringt Wünsche, Träume und den eigenen Lebenszweck mit lebendigen Bildern zum Ausdruck. Sie gibt Richtung und Orientierung. Eine Vision ist keine Sammlung von Zielen und auch keine Strategie. Es ist die greifbare Vorstellung von der idealen Zukunft. Das kann eine Metapher oder eine kleine Geschichte sein. Vielleicht ist es auch eine Beschreibung von einem Tag in Ihrem Leben in fünf oder zehn Jahren. Was machen Sie an diesem Tag? Was sehen Sie? Was fühlen Sie? Was sagen Familie, Freunde oder Kollegen über Sie?

Eine Vision sollte greifbar sein und emotional berühren. Vielleicht ist es das bewegende Gefühl, die Eröffnungsrede zur neuen Green-Tech-Sparte zu halten, die noch in weiter Ferne liegt. Vielleicht spürt man in seiner Vision auch bereits die kalte Winterluft aus Davos auf dem Weg zum World-Economic-Forum, um dort in ein paar Jahren die Ergebnisse eines Forschungsprojektes zum Thema »künstliche Intelligenz« vorzustellen. Vielleicht ist es das Bild junger glücklicher Afrikaner, die die erste Ausbildungsklasse eines technischen Trainingscenters in Afrika sein werden, an dem man mit Hochdruck arbeitet und das hoffentlich bald eröffnet werden kann, trotz aller Schwierigkeiten. Diese Beispiele sind keine Fantasien. Es sind konkrete Visionen von Freunden, Kollegen und Kunden, die es geschafft haben, ihr persönliches Zukunftsbild Wirklichkeit werden zu lassen.

Manchmal haben wir auch eine Vision, ohne dass wir den Begriff dazu überhaupt kennen. So ging es mir vor vielen Jahren: Ich war damals Schlagzeuger in einer Indie-Rock-Band und stellte mir vor, dass wir irgendwann erfolgreich sein würden. Ich konnte geradezu fühlen, wie ich unsere erste Platte in den Händen hielt. Heute würde man wahrscheinlich von einer Vision sprechen. Wir sind leider nicht berühmt geworden, sonst würde ich heute in einem Tonstudio in Kalifornien sitzen und ein Album produzieren, anstatt ein Buch zu schreiben. Aber wir haben 1989 einen großen Rockmusik-Wettbewerb gewonnen und zusammen mit anderen Bands ein

Live-Album herausgebracht. Die Platte steht noch heute in meinem Büro. Meine Vision ist damals Wirklichkeit geworden, na ja, zumindest der kleine Bruder meiner großen Vision.

Nur nicht zu bescheiden: Wie man eine kraftvolle Vision formuliert

Eine Besonderheit bei der Formulierung der eigenen Vision ist, dass Sie sich selbst aus einer Zukunftsmöglichkeit heraus wahrnehmen müssen. Lassen Sie sich dabei nicht von Glaubenssätzen limitieren. Die Psychologin Carol Dweck spricht in diesem Zusammenhang vom statischen und dynamischen Selbstbild oder vom »Growth Mindset« (Dweck 2017). Um die eigenen Entfaltungsmöglichkeiten nicht einzuengen, sollten Sie sich zunächst von Ihrem statischen Selbstbild distanzieren. Konkret: Wer sich selbst zukünftig vor einer großen Gruppe von Menschen sprechen sieht, aber bisher kein guter Redner ist, sollte sich davon in seinen Träumen nicht einschränken lassen. Immerhin können Sie die eigene Rednerfähigkeit trainieren und möglicherweise auf ein Niveau anheben, von dem Sie heute noch keine Vorstellung haben.

Um sich weiterzuentwickeln, ist ein dynamisches Selbstbild hilfreich. Dieses Bild beinhaltet die Annahme, dass man zukünftig in der Lage sein wird, Dinge zu tun, die man heute noch nicht beherrscht. Dazu müssen Sie über die eigenen Fähigkeiten und Talente hinausdenken. So entstehen positive Glaubenssätze, die auf dem weiteren Weg sehr hilfreich sind. Wenn man sich selbst als »unvollendet« sieht, als *non finito,* wie es in der Kunst heißt, dann ist der Raum der Möglichkeiten nahezu unbegrenzt.

Übung: Ihre persönliche Vision formulieren

Schreiben Sie auf, wie Sie sich selbst in zehn Jahren sehen, lassen Sie ein Bild entstehen:

- Was haben Sie erreicht?
- Was schätzen andere an Ihnen?
- Was machen Sie jetzt beruflich? Was motiviert Sie an der Aufgabe?

- Welche Werte vermitteln Sie?
- Nach welchen Prinzipien leben Sie?

Nehmen Sie diese Vision ab und zu immer wieder zur Hand und machen Sie Ergänzungen und Änderungen, falls erforderlich. Wenn Sie die Übung ernsthaft absolvieren, werden Sie irgendwann erstaunt sein, wie viele Ihrer Ideen sich tatsächlich konkretisiert haben. Das weiß ich aus eigener Erfahrung.

Wie man seine Vision zur persönlichen Veränderung nutzt

Persönliche Weiterentwicklung und Veränderung verlaufen nicht linear. Sie vollziehen sich in Zyklen, ganz ähnlich dem Demingkreis, auch als PDCA-Zyklus bekannt (siehe https://de.wikipedia.org/wiki/Demingkreis). Der Zyklus beschreibt einen vierphasigen Prozess für Lernen und Verbesserung. PDCA steht dabei für Plan-Do-Check-Act, also Planen, Umsetzen, Überprüfen, Handeln. Bei jedem Zyklus gleicht man sein ideales Selbstbild mit der Realität ab und leitet daraus neue Fähigkeiten und Gewohnheiten ab, die man sich aneignen oder verbessern will. Dann gilt es zu üben, zu experimentieren und Erfahrungen zu sammeln. Anschließend beginnt der Zyklus von Neuem.

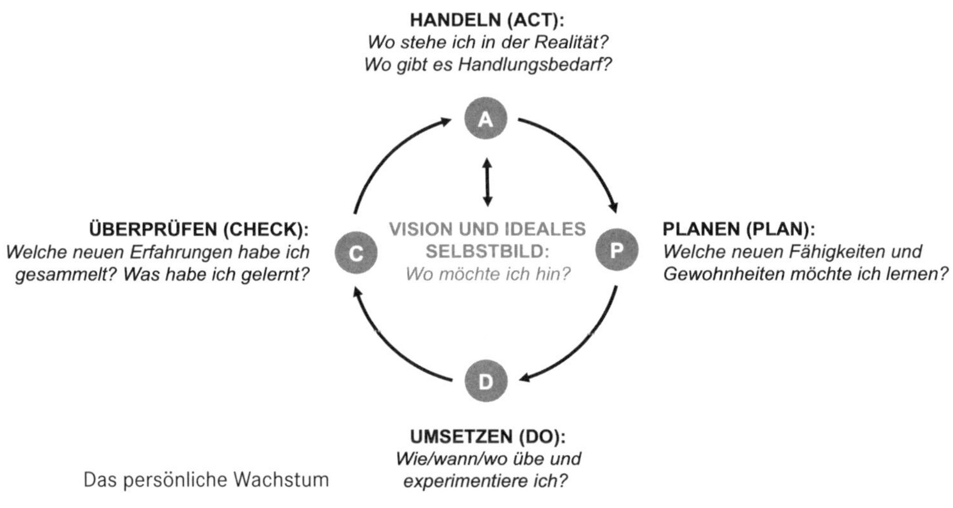

HANDELN (ACT):
Wo stehe ich in der Realität?
Wo gibt es Handlungsbedarf?

A

ÜBERPRÜFEN (CHECK):
Welche neuen Erfahrungen habe ich gesammelt? Was habe ich gelernt?

C

VISION UND IDEALES SELBSTBILD:
Wo möchte ich hin?

P

PLANEN (PLAN):
Welche neuen Fähigkeiten und Gewohnheiten möchte ich lernen?

D

UMSETZEN (DO):
Wie/wann/wo übe und experimentiere ich?

Das persönliche Wachstum

Im Wachstumsmodus: Wenn der Parasympathikus aktiv wird

Der Startpunkt für einen Zyklus ist das ideale Selbstbild. Dies beinhaltet die eigenen Träume, Werte und Hoffnungen, und damit den Lebenszweck, die eigene Vision und die angestrebte Identität. Das wirkt wie ein Leitstern, der uns mit Energie erfüllt und motiviert. Aber nicht nur das. Es gibt auch einen neurobiologischen Vorteil. Wenn wir uns mit unseren Träumen beschäftigen und uns die Frage stellen, was im Leben wichtig ist, dann werden Hirnareale aktiviert, in denen positive Erlebnisse gespeichert sind. Der Parasympathikus wird aktiv, der im Körper Erholungsphasen reguliert und für den Aufbau von Energiereserven verantwortlich ist. Der Parasympathikus ist verbunden mit Gefühlen wie Freude, Dankbarkeit und Neugierde. Wir sind optimistisch, offen für neue Ideen und denken an unsere Stärken. Wir stimmen uns damit positiv auf Veränderung ein und entwickeln ausreichend Energie, um über uns selbst hinauszuwachsen.

Im Überlebensmodus: Wenn der Sympathikus aktiv wird

Leider handeln viele Menschen häufig genau umgekehrt, etwa, wenn sie gerade eine neue Rolle übernommen haben und zu hohe Ansprüche an sich selbst stellen, so wie Jonas in unserer Fallstudie. Sie befassen sich nur mit ihren Sorgen und Problemen und versetzen sich so in einen negativen Zustand. Dann werden Hirnareale mit negativen Erlebnissen aktiviert. Jetzt wird der Sympathikus aktiv, der für die Regulation in Stresssituationen verantwortlich ist und bei Gefahren eine Kampf-oder-Flucht-Reaktion auslöst. Der Sympathikus ist verbunden mit negativen Gefühlen wie Furcht und Angst. Wir sind pessimistisch und sind eher auf unsere Schwächen fokussiert. Das System hat in den Überlebensmodus geschaltet. Für die persönliche Weiterentwicklung ist das nicht von Vorteil. Aus dieser Position heraus wird es niemandem gelingen, über sich selbst hinauszuwachsen.

Dauerhafte Veränderungen beginnen fast immer mit positiven Fragen, die sich um Chancen, Träume, Hoffnungen und die eigene Vision drehen. Das wird auch durch Studien von Richard Boyatzis bestätigt, Professor für Psychologie und Kognitionswissenschaften an der Case Western Reserve University in den USA. In dem Buch *Helping People Change* zeigt er, wie wirksame persönliche Veränderung möglich ist, wenn sie mit positiven Fragen beginnt (Boyatzis 2019). Die eigene Vision hilft dabei, sich immer wieder in diesen positiven Zustand zu versetzen. Wie die Forschung zeigt, können Sie die positive Grundstimmung verstärken, indem Sie zum Beispiel achtsam agieren, Zeit mit guten Freunden verbringen, lachen oder spazieren gehen. Sogar ein Haustier kann dazu beitragen. Sobald Sie sich in eine positive Grundstimmung gebracht haben, sind Sie bereit für Ihre persönliche Veränderung.

Verhaltensweisen: Wie die persönliche Veränderung gelingen kann

Indem Sie Ihre Vision mit der Realität abgleichen, erhalten Sie einen Hinweis auf neue Fähigkeiten, die es zu entwickeln gilt. Wer Rain-Maker werden will, so wie Jonas im Eingangsbeispiel, muss das Verkaufen erlernen. Wer als empathische Führungskraft wahrgenommen werden will, muss lernen, sich Zeit für seine Mitarbeiter zu nehmen und zuzuhören. Wer eine Organisation transformieren will, muss lernen, Begeisterung zu erzeugen.

Um sich neue Fähigkeiten anzueignen, ist es notwendig, regelmäßig zu üben. Das ist leichter gesagt als getan, denn die guten Vorsätze kommen im Tagesgeschäft schnell unter die Räder, wie ich aus Erfahrung weiß. Der Trick ist, sein Verhalten so zu verändern, dass man etwas ganz automatisch tut. Und dazu müssen Sie neue Gewohnheiten aufbauen.

Die Vision schmeißt den Motor an, Gewohnheiten lassen ihn laufen

Fast die Hälfte unserer täglichen Handlungen beruhen auf Gewohnheiten – und nicht auf bewussten Entscheidungen. Gewohnheiten sind Verhaltensweisen, die wir automatisch wiederholen. Da wir bei Gewohnheiten nicht nachdenken müssen, entlasten sie unser Gehirn und erleichtern uns den Alltag. Wenn wir die gleichen Dinge immer wieder tun, dann werden die dahinterliegenden Entscheidungen irgendwann automatisiert, und der Prozess wird zur Gewohnheit. Unser Gehirn hat damit Zeit und Kapazität für andere Dinge. Der Journalist und Sachbuchautor Charles Duhigg beschreibt dies in seinem Buch *Die Macht der Gewohnheit* sehr anschaulich (Duhigg 2013). Gewohnheiten helfen also, den eigenen »Motor« am Laufen zu halten.

Ich habe meine Erfahrung im Aneignen neuer Gewohnheiten in vier Regeln zusammengefasst, die dabei helfen können, das eigene Verhalten wirkungsvoll zu verändern. Ich erhebe mit diesen Regeln keinen Anspruch auf Vollständigkeit, kann aber zumindest versichern, dass sie in der Praxis sehr gut funktionieren.

Gewohnheits-Regel 1: Mit den eigenen Stärken beginnen

Die Versuchung ist groß, sich direkt auf die eigenen Schwächen zu stürzen und zu versuchen, die identifizierten Lücken zwischen Anspruch und Wirklichkeit so schnell wie möglich zu schließen. Leider ist das falsch. Es geht nicht um eine kurzfristige Performanceverbesserung. Es geht um eine Persönlichkeitsentwicklung, und die braucht Zeit. Man kann sich leider nicht über Nacht neu erfinden. Zum einen wäre das ohnehin nicht lange durchzuhalten. Zum anderen ist es nicht glaubwürdig.

So kam zum Beispiel dem CEO eines mittelständischen Maschinenbau-Unternehmens, einem etwas unterkühlten Charakter, zu Ohren, dass er in seiner Firma als unnahbar wahrgenommen wurde. Das Problem wollte er sofort beseitigen. Also lernte er die Namen der Monteure auswendig und grüßte sie bei seinem nächsten Werkstattrundgang mit Namen. Zurück in seinem Büro bekam er direkt einen Anruf vom aufgebrachten Betriebsratsvorsitzenden. Einige Monteure hatten sich besorgt beim Betriebsrat gemeldet. Die Tatsache, dass der sonst so verschlossene CEO plötzlich ihre Namen kannte, konnte für sie nur bedeuten, dass sie entlassen werden sollten.

Um sich wirkungsvoll weiterzuentwickeln, sollten Sie nicht mit Ihren Schwächen beginnen, sondern mit Ihren Stärken.

Wenn Sie sich auf das konzentrieren, was Sie gut können und was der eigenen Persönlichkeit entspricht, dann fällt Ihnen die Veränderung viel leichter. Im beschriebenen Beispiel wäre es vielleicht das Zuhören gewesen, das dem CEO weitergeholfen hätte. Hätte er nur einem einzigen Monteur mit ehrlichem Interesse Fragen gestellt und diesem so zugehört, wie er sonst seinen Vorstandskollegen zuhörte, dann hätte er möglicherweise eine ganz andere Wirkung erzielt. Der Monteur hätte sich wertgeschätzt gefühlt, die Geschichte hätte sich verbreitet wie ein Lauffeuer, aber nun im positiven Sinn.

Gewohnheits-Regel 2: Auf wenige neue Gewohnheiten konzentrieren

Es empfiehlt sich, sich nicht zu viel auf einmal vorzunehmen. Es ist viel besser, sich auf wenige, aber wirksame neue Verhaltensweisen zu konzentrieren. In der Praxis heißt das, dass Sie priorisieren müssen. Es wird Ihnen kaum gelingen, öfter beim Kunden vor Ort zu sein, um das Kontaktnetzwerk auszubauen, und gleichzeitig mehr im eigenen Büro zu sein und persönlich mit den Mitarbeitern zu sprechen, um die interne Sichtbarkeit zu optimieren. Wer sich zu viel auf einmal vornimmt, läuft Gefahr, sich zu verzetteln. Die Akkus sind dann schnell verbraucht und die Umsetzung der eigenen Vision rückt in weite Ferne. Hier gilt: Weniger ist mehr! Meiner Erfahrung nach empfiehlt es sich, sich auf nicht mehr als zwei bis drei Verhaltensweisen zu konzentrieren.

Gewohnheits-Regel 3: Kontinuierlich an sich arbeiten

Viele meiner Kunden haben ein Lernprogramm für sich entwickelt, ganz ähnlich so, wie es Menschen tun, die sich mit einem Trainingsplan auf einen Marathon vorbereiten. Ein Lernprogramm ist eine Liste von neuen Gewohnheiten, die man sich aneignen will und die zur eigenen Vision passen. Es sollten kleine Dinge sein, die sich einfach umsetzen lassen. Das kann etwa das Zuhören sein, wie gerade beschrieben. Vielleicht sind es auch regelmäßige Einzelgespräche mit den Mitgliedern des eigenen Teams. Vielleicht sind es regelmäßige Kundenbesuche. Der Erfolg wird sich nicht sofort einstellen. Man braucht etwas Geduld, Ausdauer und Selbstdisziplin. Das ist wie ein kontinuierliches Verbesserungsprogramm in eigener Sache. Wer schon einmal in einem Produktionsbetrieb gearbeitet hat, dem kommt das vielleicht bekannt vor.

Als Unternehmensberater habe ich über viele Jahre dabei geholfen, Prozesse zu verbessern. Mal ging es um Qualität, mal um Zeit oder Kosten. Dabei habe ich gelernt, dass es nicht immer große Maßnahmen sind, die eine Verbesserung nach sich ziehen. Oft sind es viele kleine Schritte, die zu einer nachhaltigen Steigerung der Leistung führen. Das wohl bekannteste Konzept der kontinuierlichen Verbesserung ist das aus Japan stammende *Kaizen*. Wörtlich übersetzt heißt Kaizen »Veränderung zum Besseren« (https://de.wikipedia.org/wiki/Kaizen). Es handelt sich um die Philosophie der Perfektionierung in stetigen kleinen Schritten. Ihr Gegensatz ist die sprunghafte Verbesserung durch einmalige Innovation. Ganz ähnlich verhält es sich mit der persönlichen Entwicklung: Statt zu versuchen, sich von einem Tag auf den anderen radikal zu verändern, sollten Sie daran arbeiten, jeden Tag ein bisschen besser zu werden. Denn so entstehen nach und nach neue Gewohnheiten.

Gewohnheits-Regel 4: Mit Auslösereizen experimentieren

Leider unterscheidet das Gehirn nicht zwischen guten und schlechten Gewohnheiten. Auch kann man schlechte Gewohnheiten nicht einfach abstellen, genauso wenig, wie man neue Gewohnheiten auf Knopfdruck anstellen könnte. Allerdings beginnt jede gewohnheitsmäßige Handlung mit einem Auslösereiz, und am Ende steht immer eine Belohnung. Und damit lässt sich experimentieren.

So können Sie sich zum Beispiel den Zugang zum Auslösereiz für schlechte Gewohnheiten erschweren. Wenn Sie täglich kostbare Zeit verlieren, weil Sie in einer Flut von E-Mails versinken und die schlechte Angewohnheit haben, jede eingehende Nachricht zu lesen, ist es angebracht, den Posteingang zu filtern. E-Mails, die Sie lediglich in Kopie erhalten, werden dann automatisch etwa in einen separaten Folder mit dem Titel »Kann warten« umgeleitet. Und wenn Sie diese E-Mails nicht sehen, geraten Sie gar nicht erst in die Versuchung, sie zu lesen. Der Auslösereiz wäre somit eliminiert.

Neue Gewohnheiten lassen sich an bereits bestehende Gewohnheiten koppeln. Wenn man den Tag mit einer Tasse Kaffee und dem Blick in die Zeitung beginnt, dann bietet es sich vielleicht an, ab jetzt direkt danach ein oder zwei wichtige Kunden anzurufen. So schaffen Sie wirkungsvolle

Gewohnheitsketten (Clear 2020). Alternativ kann man auch die Hürden und den Energiebedarf für neue Gewohnheiten senken, um den Zugang zu erleichtern. Wenn Sie sich zum Beispiel angewöhnen wollen, ab jetzt regelmäßig Fachartikel zu lesen, um sich Expertise zu einem neuen Thema anzueignen, dann ist es hilfreich, die zu lesenden Berichte in greifbarer Nähe zu platzieren, um sich so den Zugang zur angestrebten Lesegewohnheit zu erleichtern.

Gewohnheiten sind zudem Teil der eigenen Reputation, sofern sie für andere sichtbar sind. Das heißt, dass Sie Ihre Reputation verändern können, indem Sie Ihre Gewohnheiten ändern. Dazu ein Beispiel: Ein Kunde von mir hatte eine neue Führungsaufgabe als CEO eines großen mittelständischen Unternehmens übernommen. Er galt als erfahren, intelligent und exzellenter Redner, aber gleichzeitig auch als distanziert. Das erschwerte es ihm, den erforderlichen engen Kontakt zu den beiden obersten Führungsebenen aufzubauen. Er entschied sich zu einer kleinen Anpassung einer Gewohnheit. Anstatt wie bisher morgens direkt in sein Büro zu gehen, wählte er einen längeren Weg durch das Gebäude, der ihn an den Büros seines Führungsteams vorbeiführte. Mit jeder Führungskraft, der er begegnete, tauschte er knapp zwei Minuten lang ein paar persönliche Worte aus. Nach und nach wurde er als »eigentlich doch sehr umgänglicher Mensch« wahrgenommen. Durch eine kleine Veränderung in seinen Gewohnheiten hatte er es geschafft, seine Reputation im Unternehmen positiv zu verändern.

Übung: Neue Gewohnheiten aufbauen

Nehmen Sie jetzt noch einmal Ihre Vision zur Hand:

- Welche zwei bis maximal drei neuen Gewohnheiten würden Ihnen helfen, sich Ihrer Vision zu nähern?
- An welche bereits bestehenden Gewohnheiten können Sie die neuen Gewohnheiten koppeln?

Beginnen Sie mit der Umsetzung innerhalb der nächsten 72 Stunden.

Vibration: Wie Sie Ihre Veränderungsenergie neu aktivieren

Ein Freund von mir wollte vor ein paar Jahren Klavier spielen lernen. Er sah sich selbst im Kreis seiner Familie sitzen und ein Stück von Chopin vorspielen. Eine wunderbare Vision. Nachdem er auch noch den passenden Online-Klavierkurs gefunden hatte, machte er sich voller Motivation und Willenskraft ans Werk. Er nahm sich fest vor, ab jetzt dreimal pro Woche mindestens zwei Stunden zu üben und das zu einer neuen Gewohnheit werden zu lassen. Spätestens zum Weihnachtsfest würde er das erste Stück vorspielen können. In der ersten Woche hielt er es durch. Schon in der zweiten Woche fielen zwei Übungstage wegen dringender Kundentermine aus. In der dritten Woche konnte er überhaupt nicht üben. So ging es weiter. Irgendwann gab er frustriert wieder auf. Kommt Ihnen das bekannt vor?

Wenn Willenskraft allein nicht ausreicht

Gute Vorsätze und Willenskraft allein reichen leider nicht aus, um eine positive Veränderung zu bewirken und dauerhaft durchzuhalten. Wer es auf diesem Weg versucht, unterschätzt das eigene Beharrungsvermögen und überschätzt die eigene Willenskraft. Denn Willenskraft nutzt sich leider ab, wie ein Muskel, der erschlafft, wenn die Anstrengung auf Dauer zu hoch ist. Das ist wie in der Mechanik beim Übergang von der Haft- in die Gleitreibung. Die Gleitreibung ist zwar geringer als die Haftreibung im Ruhezustand, aber sie kostet trotzdem Energie. Wenn Sie sich neue Gewohnheiten aneignen, verhält es sich ähnlich. Nachdem Sie sich motiviert und begonnen haben, sind Sie noch längst nicht am Ziel, denn es gilt immer wieder, Widerstände zu überwinden. Sie benötigen also ein System, das die Veränderung aufrechterhält und rechtzeitig Impulse gibt. Hier kann die Verhaltensökonomie weiterhelfen, die die beiden Felder Psychologie und Ökonomie verbindet.

»Nudges«: Wie wir uns selbst überlisten können

Der Nobelpreisträger Daniel Kahneman beschreibt in seinem Bestseller *Schnelles Denken, langsames Denken* zwei Denksysteme, die unsere Entscheidungen beeinflussen (Kahneman 2011). Es ist das schnelle Denken von System 1, das uns dominiert. Es arbeitet automatisch-assoziativ. System 2 ist langsamer und arbeitet rational-reflektierend. Für die Komplexität des Lebens brauchen wir beide Arten des Denkens.

Allerdings ist System 1 in der Lage, System 2 zu überrumpeln. System 1 konstruiert dann eine Geschichte, die System 2 glaubt. Wir sprechen dann von kognitiver oder narrativer Verzerrung. Das führt zum Beispiel zu Selbstüberschätzung, zum Schönreden der Vergangenheit oder dazu, dass wir zufällige Erfolge der eigenen Kompetenz zuschreiben. Für den Vorsatz, sich neue Gewohnheiten anzueignen, ist das Gift. Man wird sich dann etwa sagen, »dass es ja nicht so schlimm ist, diese Woche mal nicht die neuen Marktberichte zu lesen«, obwohl man sich fest vorgenommen hatte, das ab jetzt regelmäßig zu tun. Sie brauchen also im richtigen Moment einen Anstoß, um mit den neuen Gewohnheiten weiterzumachen.

Eines der Schlüsselprinzipien der Verhaltensökonomie – auch, um das Verhalten ganzer Gruppen zu verändern – ist ein sogenannter »Nudge«. Es handelt sich dabei um eine Aufforderung für ein verändertes Verhalten. Die Autoren Richard Thaler und Cass Sunstein haben dieses Thema mit ihrem Buch *Nudge* populär gemacht (Thaler, Sunstein 2017).

!

»Nudges« werden so gestaltet und platziert, dass sie uns dazu bringen, im richtigen Moment genau das gewünschte Verhalten zu zeigen. In der Praxis wird dazu eine neue Gewohnheit zunächst so weit wie möglich vereinfacht und in kleine, konkrete Schritte zerlegt.

So wird zum Beispiel aus der angestrebten Gewohnheit, regelmäßig mit Kunden zu sprechen, die konkrete Aktivität, sich dreimal pro Woche mit Kunden zum Lunch zu verabreden. Diese Aktivität wird dann mit einem »Nudge« verbunden. Das können etwa Kalendereinträge sein, die eigenständig vom Sekretariat organisiert werden und damit immer wieder einen Anstoß geben. Manche Menschen lassen sich auch von einem Freund oder Kollegen einen regelmäßigen Anstoß geben.

Es ist besser, mit »Nudges« erwünschte Verhaltensweisen zu initiieren, anstatt negatives Verhalten zu bestrafen. So hatte ein hemdsärmeliger Fertigungsleiter beispielsweise ein Sparschwein vor sich auf dem Schreibtisch. Er hatte sich vorgenommen, seine Mitarbeiter nicht mehr beim Gespräch zu unterbrechen. Jedes Mal, wenn er es dennoch tat, zahlte er einen Euro ein. Von dem Erlös wollte er für seine Abteilung Kuchen kaufen. Ein guter Vorsatz, nur leider ging er nicht auf, ganz im Gegenteil. Nach einer gewissen Zeit gefiel es dem Fertigungsleiter, gönnerhaft einen 10-Euro-Schein in das Sparschwein zu stecken, mit der Folge, dass er seine Mitarbeiter bewusst zu unterbrechen begann. Sein negatives Verhalten wurde durch den falsch platzierten Anstoß noch verstärkt.

Es gibt heute eine Vielzahl von digitalen »Nudges« in Form von Apps, die speziell dafür gemacht sind, sich neue Gewohnheiten anzueignen, sogenannte Habit Tracker. Sie bieten typischerweise eine Kombination aus automatischen Erinnerungen und komfortablen Cockpits, mit denen sich der Fortschritt verfolgen lässt. Zu den bekanntesten Apps gehören *Habitify, Strides, Coach.me* oder *HabitHub*. Ich selbst habe über viele Jahre mit einem kleinen Zettel in meinem Portemonnaie und mit einer Excel-Tabelle mit simplen Kennzahlen gearbeitet. Der Zettel erinnerte mich an die Dinge, die ich mir angewöhnen wollte, und fiel mir jedes Mal beim Bezahlen in die Hände. Manchmal haben mich Kollegen neugierig gefragt, was denn auf diesem geheimnisvollen Zettel stehe. Natürlich habe ich es ihnen dann gesagt – und hatte damit automatisch wieder jemanden, der mich an meine Vorsätze erinnerte. Mit der Excel-Tabelle habe ich meine Fortschritte verfolgt und mich belohnt, sobald ich Zwischenziele erreicht hatte.

Wer regelmäßig einen Anstoß bekommt, erhöht seine Chance, mit einer neuen Gewohnheit weiterzumachen. Aber es ist der Rhythmus, mit dem eine neue Verhaltensweise richtig verankert wird.

Rhythmus: Der Schlüssel, um undenkbare Veränderungen zu bewirken

Am Dienstag, den 12. April 1831, kehrt das 60. britische Schützenregiment von einem Manöver zur Mittagspause in die Kaserne zurück. In Viererreihen marschieren 74 britische Soldaten über die Broughton Suspension Bridge in der Nähe von Manchester. Sie marschieren fröhlich pfeifend und im Gleichschritt. Die Brücke scheint sogar mitzuschwingen, was die Soldaten dazu animiert, noch zackiger zu marschieren. Dann kommt es zur Katastrophe. Die Brücke stürzt ein, 40 Soldaten fallen in den River Irwell, 20 von ihnen werden verletzt, sechs davon schwer. Die durch den Marschrhythmus ausgelösten übermäßigen Resonanzschwingungen haben die Brücke zum Einsturz gebracht. Um vergleichbare Resonanzkatastrophen auch in Deutschland zu verhindern, ist es noch heute nach Paragraf 27 Absatz 6 der Straßenverkehrsordnung verboten, auf Brücken im Gleichschritt zu marschieren.

Ein einfacher Rhythmus kann ungeahnte Kräfte auslösen und tonnenschwere Bauwerke zum Einsturz bringen. Rhythmus ist auch der Schlüssel, um persönliche Veränderungen zu bewirken, die nahezu undenkbar scheinen.

Rhythmus ist ein zentrales Element in unserem Leben, dem wir überall begegnen. Die Jahreszeiten verlaufen im Rhythmus, genau wie Tag und Nacht oder Ebbe und Flut. Der Physiker Stephen Strogatz zeigt in seinem Buch *Sync* außergewöhnliche Beispiele aus der Physik, Biologie, Chemie und Neurowissenschaft, die veranschaulichen, dass es in unserem Universum einen gleichmäßigen Takt und synchrone Zyklen gibt, die Ordnung in das Chaos bringen (Strogatz 2003). So versammeln sich zum Beispiel Tausende von Glühwürmchen entlang der Gezeitenflüsse von Malaysia und blinken im Gleichklang. Der Mond dreht sich in perfekter Resonanz mit seiner Umlaufbahn um die Erde und unsere Herzen schlagen durch das synchrone Feuern Zehntausender von Schrittmacherzellen. Überall spielt Rhythmus eine Rolle. Wer seinen persönlichen Veränderungsprozess immer wieder »aufladen« will, kann sich diesen kraftvollen Effekt zunutze machen.

Auch die Forschung zeigt, dass sich neue Gewohnheiten eindeutig besser etablieren, wenn man einen Rhythmus erzeugt und konsequent beibehält. Es ist besser, jeden Tag einen kleinen Schritt zu machen als jede Woche einen großen Schritt. »Do something, not everything«, wie mir ein Coach einmal sagte. Als Faustregel gilt dabei, dass man eine neue Gewohnheit nie mehr als ein Mal ausfallen lassen sollte, ansonsten ist unser Rhythmus dahin. Denn wenn man den Schwung unterbricht, bevor die Gewohnheit etabliert ist, gibt man sie wahrscheinlich wieder auf. Konsistenz ist der Schlüssel zum Erfolg.

!

Indem wir kleine Schritte machen und kleine Ziele verfolgen, erzeugen wir eine Reihe von kleinen Erfolgen.

Jeder wahrgenommene Erfolg motiviert dazu, weiterzumachen, und verstärkt gleichzeitig den Lerneffekt. Wir haben dann das Gefühl, dass alles nach Plan verläuft. Nach und nach etabliert sich so die neue Gewohnheit. Die Psychologen Seppo Iso-Ahola und Charles Dotson sprechen in diesem Zusammenhang auch vom psychologischen Moment oder Schwung (Iso-Ahola, Dotson 1986). In ihren Studien haben sie gezeigt, dass frühere Erfolge in Sportwettbewerben nicht nur die Leistung und das Selbstvertrauen stärken, sondern auch die Chance erhöhen, als Sieger hervorzugehen. Kleine Schritte haben zudem einen eher simplen Vorteil: Es fällt uns schwerer, Ausreden zu finden.

Indem wir Fortschritte dokumentieren und visualisieren, erhöhen wir auch noch unsere Erfolgschancen. Wahrgenommener Fortschritt führt zu Zufriedenheit, Freude und Glück und ist damit ein starker Motivator. Gleichzeitig steigert Fortschritt den Selbstwert und führt zu einer positiven Sicht auf die Welt. Die Harvard-Professorin Teresa Amabile, die sich intensiv mit diesem Thema befasst hat, spricht vom sogenannten Fortschrittsprinzip (Amabile, Kramer, 2011). Das ist auch der Grund, warum viele Habit-Tracker-Apps ein umfangreiches Cockpit haben, das den Fortschritt auf Tages-, Wochen- oder Monatsbasis anzeigt. Indem der Nutzer sich seinen Fortschritt bewusst macht, sammelt er zusätzliche Kräfte. Er geht quasi mit sich selbst in Resonanz. Die Kombination aus kleinen Erfolgen, Durchbrüchen, gespürter Vorwärtsbewegung und Zielerreichung bringt das System zum Schwingen und erzeugt so ungeahnte Veränderungskräfte. Nach und nach sinkt die neue Gewohnheit so immer tiefer in das Unterbewusstsein.

Neue Gewohnheiten bis zur Meisterschaft entwickeln

Wenn Sie mit einer neuen Verhaltensweise experimentieren, die Sie zur Gewohnheit werden lassen wollen, werden Sie das zu Beginn wahrscheinlich als Anstrengung empfinden. Kein Wunder, denn Sie bewegen sich außerhalb Ihrer Komfortzone. Nach der 21-Tage-Regel, die auf Erkenntnisse des plastischen Chirurgen Maxwell Maltz zurückgeht, wird ein neues Verhalten erst nach 21 Tagen langsam zur Gewohnheit. Es ist wichtig, dass Sie die neuen Verhaltensweisen zu Beginn nicht einfach blind wiederholen. Wenn Sie sich wirklich verbessern wollen, dann sollten Sie von Beginn an bewusst üben. So können Sie es bis zur Meisterschaft bringen.

Unser Gehirn ist anpassungsfähig und plastisch wie ein Muskel. Und wie beim Muskeltraining werden wir besser, wenn wir außerhalb unserer Komfortzone üben, am Rand unserer Fähigkeiten. Dann ist der Lerneffekt besonders hoch und wir erfahren einen Motivationsschub. Unser Gehirn schafft dabei neue neuronale Verbindungen. Man könnte auch sagen, dass sich die Struktur des Gehirns als Reaktion auf die Nutzung verändert. Wir können es tatsächlich so formen, wie wir es uns wünschen, und damit echte Perfektion erlangen. Die Autoren Anders Ericsson und Robert Pool zeigen in ihrem Buch *Peak*, dass jeder durch bewusstes Lernen in der Lage ist, neue und herausragende Fähigkeiten zu erwerben (Ericsson, Pool 2017).

Je komplexer eine neue Gewohnheit ist, desto länger kann es dauern, sie zu entwickeln. Wir sollten daher geduldig sein und den Rhythmus durchhalten, auch wenn es immer wieder Rückschläge gibt und es zu Frustrationen kommt. Vor allem zu Beginn ist es wichtig, sich regelmäßig Zeit zur Reflexion zu nehmen und zu überprüfen, wo man steht. Wer jede Gelegenheit nutzt, an einer neuen Verhaltensweise oder Gewohnheit zu arbeiten, sich dabei von Misserfolgen nicht entmutigen lässt und den Zyklus von Versuch, Misserfolg und Lernen immer wieder bewusst durchläuft, wird sich schließlich genau die Fähigkeiten aneignen, die er haben möchte.

Kurz gesagt

- Eine Vision bringt Ihre Wünsche und Träume mit lebendigen Bildern zum Ausdruck und macht Ihr persönliches »Warum« greifbar.
- Wenn Sie sich verändern wollen, dann beginnen Sie mit positiven Fragen, die sich um Ihre Chancen, Träume und Hoffnungen drehen.
- Gewohnheiten helfen Ihnen dabei, sich neue Fähigkeiten anzueignen und Ihre Vision so in die Realität umzusetzen.
- Sie können sich neue Gewohnheiten aneignen, indem Sie kontinuierlich an sich arbeiten, sich auf Ihre Stärken konzentrieren und mit Auslösereizen experimentieren.
- Ihre Willenskraft allein wird nicht ausreichen, um positive Veränderungen zu bewirken und dauerhaft durchzuhalten. Willenskraft nutzt sich wie ein Muskel ab.
- Ein Anstoß oder »Nudge« unterstützt Sie dabei, sich im richtigen Moment daran zu erinnern, mit den neuen Gewohnheiten weiterzumachen.
- Rhythmus und Visualisierung helfen Ihnen, auch unvorstellbare Veränderungen zu bewirken.

Für alle Neugierigen: Wie es mit Jonas weiterging

Jonas hat ChemCo inzwischen zu einem großen Kunden-Account ausgebaut. Dem ersten Beratungsprojekt folgten weitere. Er hat inzwischen eine enge Beziehung zum ChemCo-Vorstand aufgebaut, auch zum CEO. Jonas gehörte in den letzten Jahren intern zu den erfolgreichsten Partnern seiner Firma. Das hat ihm viel Selbstsicherheit gegeben. Den Ruf eines Rain-Makers hat er noch nicht, und auch der gemeinsame Vortrag mit dem ChemCo-CEO ist bisher noch eine Vision. Aber Jonas ist auf dem besten Weg, auch diesen Teil seiner Vision zu verwirklichen.

Erproben: Mit neuen Identitäten experimentieren

» *Ein neues Auto kauft man nicht jeden Tag. Eine Probefahrt ist wichtig, um das Wunschauto vor dem Kauf auszuprobieren.* «

ADAC 2021

Bestimmt haben Sie auch schon einmal daran gedacht, sich einen neuen Wagen zuzulegen. Vielleicht häufen sich die Probleme mit Ihrem alten Wagen. Vielleicht wollen Sie auf ein Elektroauto umstellen. Bevor Sie sich einen neuen Wagen kaufen, werden Sie wahrscheinlich eine oder mehrere Probefahrten machen. Im Beruf ist das ähnlich.

Als Führungskraft sollten Sie sich ab und zu neu erfinden. Hier lauert Karriere-Stopper Nr. 4: die Scheu, sich rechtzeitig neu zu erfinden. Überwinden Sie diese Scheu, indem Sie es wie beim Neuwagenkauf halten: Erproben Sie den neuen Job vorher. Vielleicht werden Sie dabei Überraschendes lernen. So wie Yvonne.

Fallstudie: Yvonne

Es ist ein sonniger Tag Anfang Juni. Yvonne und ich sind zu unserer dritten Coaching-Session verabredet. Da physische Meetings wieder möglich sind, treffen wir uns in meinem Büro.

»Und, was machen die Hausaufgaben?«, beginne ich unser Coachinggespräch.

»Es hat sich eine überraschende Option ergeben«, sagt Yvonne und fügt dann geheimnisvoll hinzu: »Und eine verrückte Idee. Darüber würde ich gern mit Ihnen sprechen.«

Yvonne arbeitet sehr erfolgreich als Marketingleiterin für MediaCo, ein Telekommunikationsunternehmen, und gehört dort zum Talentpool im internen Förderprogramm. Yvonne hat damit ausgezeichnete Karriereaussichten. Trotzdem ist sie in ihrer Rolle nicht glücklich. Sie fühlt sich durch die Konzernstrukturen eingeengt. Ihr Bauchgefühl sagt ihr, dass etwas nicht stimmt. Yvonne denkt seit längerer Zeit über einen beruflichen Wechsel nach, weiß aber nicht, in welche Richtung es gehen könnte. Im Coaching wollen wir Optionen für eine berufliche Neuorientierung erarbeiten. Als Vorbereitung auf diese Session hat sich Yvonne erste Gedanken zu möglichen Jobalternativen gemacht.

Die Ausgangssituation und eine verrückte Idee

Ich biete ihr einen Kaffee an, Yvonne bezeichnet sich selbst als *Coffee Junkie.*

»Dann schießen Sie mal los«, sage ich. »Ich bin gespannt.«

»Gern, zuerst zur Überraschung, die muss ich loswerden«, sagt Yvonne und lacht dabei. »Letzte Woche hat mich ein Personalberater angerufen. Er möchte mit mir über die Europa-Leitung des Marketings für einen französischen Medienkonzern sprechen. Das wäre ein Karrieresprung für mich. Ich würde ein größeres Team führen als heute und wäre für das Marketing mehrerer Sparten verantwortlich. Ich muss bis morgen antworten, ob ich Interesse habe und die Gespräche fortsetzen möchte.«

»Glückwunsch, ehrlich gesagt wundert mich das bei Ihrer Qualifikation überhaupt nicht. Und, wie ist Ihre erste spontane Reaktion? Ist das was für Sie?«, will ich wissen.

Yvonne zögert einen Moment, dann antwortet sie mit nachdenklichem Gesichtsausdruck: »Ich weiß, dass es jetzt furchtbar idiotisch klingt, was ich sage, aber um ganz ehrlich zu sein, ich weiß nicht, ob das der richtige Job für mich ist.«

»Warum idiotisch?«, frage ich sie.

»Weil ich so eine Chance wahrscheinlich so schnell nicht wieder bekommen werde. Ich habe einer Freundin davon erzählt. Wir kennen uns aus dem Studium, sie arbeitet auch im Marketing. Sie sagt, ich wäre völlig verrückt, wenn ich diese Chance nicht wahrnehme.«

»Und was spricht aus Ihrer Sicht gegen das Angebot?«, möchte ich wissen.

»Es ist nur ein vages Bauchgefühl, das ich nicht mal richtig bestimmen kann«, sagt Yvonne und schüttelt dabei leicht den Kopf. »Es wäre wieder ein Konzern und es wäre nicht das, was ich suche.«

»Das verstehe ich gut«, sage ich. »Lassen wir das für einen Moment ruhen. Erzählen Sie mir von der verrückten Idee.«

Yvonne schaut etwas verlegen, plötzlich strahlt sie förmlich. »Ich traue es mich kaum zu sagen«, beginnt sie. »Gründerin werden, dazu hätte ich richtig große Lust. Allein wenn ich daran denke, könnte ich gleich loslegen.« Dann trübt sich ihr Blick wieder ein und sie fügt etwas bedrückt hinzu: »Aber wahrscheinlich ist diese Idee noch idiotischer. Ich bin keine Unternehmerin, meine Geschäftsideen funktionieren wahrscheinlich sowieso nicht und es passt nicht zu meinem bisherigen Weg.«

»Wer sagt, dass das nicht zu Ihrem Weg passt?«, frage ich sie.

»Ich habe viel Zeit und Energie in meine Marketingkarriere investiert. Mir stehen hier jetzt alle Türen offen. Ist es nicht völliger Unsinn, das von einem Tag auf den anderen aufzugeben und mit einem eigenen Unternehmen noch mal ganz von vorn anzufangen? Vor allem jetzt, wo ich vielleicht einen Karrieresprung machen könnte?«

»Aber irgendetwas sagt Ihnen, dass der Weg als Unternehmerin eine Option sein könnte, sonst würden Sie ja nicht darüber nachdenken, oder?«, hake ich nach.

»Das stimmt. Etwas in mir sucht das Abenteuer und gleichzeitig hält mich irgendetwas anderes zurück. Das fühlt sich manchmal furchtbar an. Ich bin dann hin- und hergerissen.«

»Kann es sein, dass Sie Ihre eigene Geschichte zurückhält?«, frage ich.

Yvonne schaut etwas verwundert: »Wie meinen Sie das?«

Der Bruch im Lebenslauf als Gewinn

»Eine Geschichte ist die von Yvonne, die im Bereich Marketing Karriere macht und dort immer weiter aufsteigt. Diese Geschichte kennen Sie und an dieser halten Sie sich gerade fest. Es ist die Geschichte, die auch Ihr soziales Umfeld über Sie erzählt. Auch das bindet Sie an diese Geschichte. Aber vielleicht gibt es auch die Geschichte von Yvonne, die sich irgendwann bewusst für eine Karriere als Unternehmerin entscheidet. Spannende Geschichten leben von unerwarteten Wendungen. Schauen Sie sich die Biografien erfolgreicher Unternehmerinnen an. Da fügen sich Elemente des beruflichen Lebens häufig erst rückblickend zu einem Verlauf zusammen. Und was zunächst als Bruch im Lebenslauf erscheint, wirkt rückblickend nur konsequent.«

Yvonne wirkt nachdenklich, sie schweigt. Es entsteht ein Moment der völligen Stille. Dann sagt sie mit ruhiger Stimme: »Das erfordert viel Mut, und ich weiß nicht, ob ich diesen Mut habe. Und woher weiß ich, ob ich überhaupt eine Unternehmerin bin?«

»Erinnern Sie sich noch an Ihre Charakterstärken aus dem ›Values in Action‹-Test, über die wir beim letzten Mal gesprochen haben?«

»Ja, drei Stärken fallen mir noch ein«, sagt Yvonne. »Führung, Kreativität und Elan.«

»Genau, und die Forschung sagt, dass zum Beispiel Führung und Elan zu den typischen Charakterstärken erfolgreicher Unternehmerinnen und Unternehmer gehören. Sie haben ein klassisches Unternehmerinnenprofil, das kann ich Ihnen versichern. Vielleicht wissen Sie noch gar nicht, was in Ihnen steckt.«

»Und wie kann ich es herausfinden?«, möchte Yvonne wissen.

»Zum Beispiel, indem Sie experimentieren.«

Yvonne schaut mich völlig verwundert an: »Experimentieren?«

Mit Experimenten Erfahrungen sammeln

»Ja, richtig, experimentieren«, sage ich. »Wenn Sie herausfinden wollen, ob Sie eine Unternehmerin sind, dann müssen Sie es ausprobieren, wie bei einer Probefahrt mit einem neuen Auto. Durch Nachdenken allein kommen Sie nicht weiter. Und wenn Sie dabei herausfinden, dass Sie keine Unternehmerin sind, dann können Sie immer noch Ihre Marketing-Erfolgsstory fortsetzen.«

»Und was können das für Experimente sein?«, fragt Yvonne neugierig.

»Einfach alles, womit Sie etwas über sich selbst als Unternehmerin lernen und was Sie zeitlich neben Ihrem heutigen Job machen können«, antworte ich.

»Ich glaube, da habe ich direkt eine Idee«, sagt sie begeistert. »MediaCO ist Sponsor für ein Female-Founder-Event, da könnte ich mich engagieren, ich bin ohnehin gefragt worden, ob ich Lust hätte, da mitzumachen.«

»Das klingt perfekt«, ermuntere ich sie.

»Und mir fällt noch etwas ein. Es gibt einen virtuellen Entrepreneurship-Kurs, an dem ich schon vor einiger Zeit teilnehmen wollte. Die Liste der Teilnehmerinnen und Teilnehmer war unglaublich spannend. Demnächst startet wieder ein Kurs. Diesmal soll es auch Livetreffen geben.«

Die Ideen sprudeln nur so aus Yvonne heraus. Sie ist bei der Suche nach Experimenten ganz in ihrem Element. Wir erstellen eine lange Liste mit Ideen, die wir anschließend priorisieren.

»Das klingt nach einer interessanten Reise, die vor Ihnen liegt«, sage ich.

»Ich bin gespannt«, sagt Yvonne und strahlt begeistert.

»Und was werden Sie dem Personalberater sagen, wollen wir dazu noch mal sprechen?«, frage ich sie.

»Ich werde absagen«, antwortet sie. »Dazu habe ich mich gerade entschieden. Das ist mein erstes Experiment. Ich treffe diese Entscheidung als zukünftige Unternehmerin.«

»Sind Sie sich sicher?«, hake ich noch mal nach.

»Ich bin mir ganz sicher«, sagt Yvonne entschlossen.

»Wunderbar!«, sage ich.

Dann fügt sie lachend hinzu: »Und wenn's schiefgeht, kann ich ja Ihnen die Schuld in die Schuhe schieben, denn unser Gespräch heute hat mich in meiner verrückten Idee noch bestärkt.«

Bereit sein für das Neue

In den folgenden Monaten führt Yvonne quasi ein Doppelleben. Parallel zu ihrer Rolle als Marketingleiterin macht sie einen Entrepreneurship-Kurs an einer führenden Business-School, besucht Gründermessen, engagiert sich im Female-Founder-Netzwerk, trifft einen alten Freund, der heute in einer Venture-Capital-Firma arbeitet, und lernt viele neue Menschen im unternehmerischen Umfeld kennen. In unseren Coaching-Sessions sprechen wir immer wieder über ihre Erfahrungen und über neue Optionen, die sich aus den Experimenten ergeben. Fast zehn Monate später treffen wir uns nach einer Pause nochmals zu einer Coaching-Session.

»Ich komme wieder mal mit einer Überraschung«, beginnt Yvonne unser Gespräch.

»Mit nichts anderem habe ich gerechnet«, sage ich lachend. »Ich bin gespannt.«

»Ich habe mich entschieden, zu kündigen«, sagt sie lächelnd.

»Eine eigene Firma?«, will ich direkt wissen.

»Nicht ganz«, sagt Yvonne, »aber dicht dran. Ich werde bei einem Green-Tech-Start-up einsteigen. Es ist eine verrückte Geschichte. Ich habe bei einem Entrepreneurship-Event eine Investorin kennengelernt, die mich mit den beiden Gründern in Kontakt gebracht hat. Beide sind ziemlich erfahren und gut vernetzt. Als ich dann das ganze Team kennengelernt habe, hat es direkt gefunkt. Mein Bauchgefühl hat ziemlich laut *Ja!* gesagt. Sie haben gerade eine Finanzierungsrunde abgeschlossen und wollen die Firma jetzt professionalisieren. Ich werde Teil der Geschäftsführung und dort die

Gesamtverantwortung für den Bereich Marketing und Strategie übernehmen. Die Aufgabe ist wie für mich gemacht.«

Sie sprüht geradezu vor Begeisterung, als sie mir davon erzählt.

»Herzlichen Glückwunsch«, sage ich. »Das klingt fantastisch. Ich habe Ihnen ja schon gesagt, dass einige Jobs plötzlich erscheinen werden, sobald Sie bereit sind.«

»Jetzt weiß ich, was Sie gemeint haben«, sagt Yvonne und strahlt.

»Dann lassen Sie uns darauf ersatzweise mit einem Kaffee anstoßen«, schlage ich vor.

Yvonne schaut etwas verlegen. »Hätten Sie eventuell auch einen grünen Tee?«

»Natürlich«, antworte ich. »Kein Coffee Junkie mehr?«

»Ein Experiment!«, sagt Yvonne und lacht.

Was Sie von Yvonne lernen können

▶ *Erfahrungen sammelt man durch Experimente, nicht durch Nachdenken*

Yvonne befand sich in einem Dilemma. Einerseits hatte sie exzellente Chancen, ihre Marketingkarriere fortzusetzen, andererseits spürte sie den Wunsch, auszubrechen. Sie tat gut daran, auf ihr Bauchgefühl zu hören und das Angebot abzulehnen. Es wäre lediglich mehr vom Gleichen gewesen und hätte sie nicht glücklich gemacht. Andererseits war sie sich bezüglich ihres unternehmerischen Talents zunächst nicht sicher. Es hätte ihr nichts genützt, lange darüber zu grübeln. Es war viel besser, dies durch praktische Experimente im geschützten Raum zu überprüfen. Nur so konnte sie das erforderliche Selbstvertrauen für den beruflichen Wechsel aufbauen.

▶ *Veränderung heißt, auf Entdeckungsreise zu gehen und neue Menschen zu treffen*

Yvonnes Umfeld war nicht hilfreich bei ihrem Wunsch, sich neu zu erfinden. Im Gegenteil. Im Konzern und in der Branche hatte sie sich einen Ruf als Marketingexpertin aufgebaut. Ihre Identität war in diesem Umfeld festgelegt, der weitere Weg vorgezeichnet. Auch die Freundin hatte ein festes Bild von Yvonne und konnte sie sich außerhalb einer Marketingrolle nicht vorstellen. Aus diesem Umfeld durfte sich Yvonne daher keine mentale Unterstützung erhoffen. Das Umfeld kettete sie eher an ihre alte Identität. Sie musste erst ihr Netzwerk erweitern, um Menschen zu finden, die ihr bei ihrem Wunsch, sich neu zu erfinden, weiterhelfen konnten.

▶ *Wer sich neu erfinden will, muss seine eigene Erfolgserzählung hinterfragen*
Yvonne war gefangen in ihrer eigenen Geschichte. Sie sah ihren Weg wie in einem Tunnel. Für ihre persönliche Erfolgserzählung gab es nur ein Happy End: im Marketing oben anzukommen. Jede Abzweigung war ihr suspekt und hatte für sie den Beigeschmack des Scheiterns. Deswegen vertraute sie ihrer inneren Stimme zunächst nicht. Um dieses eingeschränkte Weltbild zu erkennen, einzureißen und sich so für eine neue berufliche Identität wirklich zu öffnen, brauchte sie Impulse von außen und musste neue Erfahrungen sammeln. Nur so konnte sie erkennen, dass ihre Geschichte auch ganz anders weitergehen konnte.

... und wie es mit Yvonne weiterging, erfahren Sie am Ende dieses Kapitels.

Vom Experimentieren, Entdecken und Erzählen

Eine aktuelle Google-Suche zu »Reinvent Yourself« zeigt weit über zwei Millionen Einträge. Kein Wunder: Nach einer OECD-Studie werden in den kommenden 15 bis 20 Jahren ungefähr 14 Prozent der heutigen Arbeitsplätze durch die Automatisierung verschwinden. Weitere 32 Prozent werden sich durch die Digitalisierung radikal verändern (OECD 2019). In diesem Umfeld wird die Bereitschaft, sich neu zu erfinden und immer wieder neue berufliche Identitäten anzunehmen, zu einem wichtigen Erfolgsfaktor für die Karriere. Aber wie kann es gelingen, sich neu zu erfinden?

Hier kann die wissenschaftliche Methode weiterhelfen, die vor über 400 Jahren von dem englischen Philosophen Francis Bacon entwickelt worden ist (Bacon 2017). Dabei stellt man eine Hypothese auf, überprüft sie anschließend durch Experimente, wertet die Beobachtungen aus und zieht Schlussfolgerungen. Genauso kann man zunächst mit neuen beruflichen Identitäten experimentieren und sich mit den gesammelten Erfahrungen für einen neuen beruflichen Weg entscheiden. Dabei ist es wichtig, auf eine Entdeckungsreise zu gehen, neue Menschen zu treffen und offen zu sein für eine unerwartete Neuerzählung der eigenen Geschichte.

Experimentieren: Erst handeln, dann denken

Vielleicht erinnern Sie sich noch: 2013 gab der damalige Vorstandsvorsitzende der Deutschen Telekom AG, René Obermann, seinen Posten auf und wechselte zu einem viel kleineren niederländischen Kabelnetzbetreiber, um »näher am Maschinenraum« zu sein und dort wieder eine operativere Rolle einzunehmen. Es gibt viele, die davon träumen, nochmals neu anzufangen und etwas anderes zu machen, obwohl sie scheinbar schon alles erreicht haben. Ich bin einigen von ihnen begegnet: der Vorstand, der sich in einem jungen Unternehmen versuchen will, die Marketingleiterin, die davon träumt, Architektin zu werden, der Vertriebsleiter, der gern als Krimiautor neu anfangen würde.

Viele dieser Träume scheitern an der Angst vor Veränderung oder an mangelndem Selbstvertrauen. Wir denken zu viel nach. Viel zu lange überlegen und analysieren wir, ob ein neuer Job zu uns passt oder nicht, und befassen uns dabei hauptsächlich mit unseren Schwächen. Wir zögern immer wieder, fühlen uns hin- und hergerissen zwischen unserer gut bezahlten und stabilen Position und der Idee, doch noch etwas anderes zu versuchen. So verharren wir in unserem Job, dessen Verfallsdatum vielleicht längst erreicht ist, und unternehmen schließlich gar nichts. Deshalb ist es besser, direkt mit dem Handeln zu beginnen und nicht mit dem Denken, auch wenn das in der Praxis zu einem kleinen Schock führen kann. Ich habe diese Erfahrung sehr früh gemacht, zum Glück in einem geschützten Umfeld.

Erst handeln, dann denken

Es war Montag, der 19. Januar 1998, der erste Tag in meinem MBA-Programm in Paris. Auf dem Programm stand eine Vorlesung zum Thema »Marketing«. Voller Erwartung saß die MBA-Klasse morgens im Hörsaal. Dann betrat Professor Bardot den Raum und erklärte uns, dass wir die Grundidee von Marketing nicht im Hörsaal, sondern nur auf der Straße würden lernen können. Er teilte uns in Teams ein und gab jedem Team ein Thema für eine lokale Marktanalyse. Wir hatten 24 Stunden Zeit, Informationen zusammenzutragen, auszuwerten und eine Präsentation vorzubereiten. Ohne Vorkenntnisse. Für mich war das ein Schock! Nach einem intensiven Tag und einer sehr kurzen Nacht stellten alle Teams ihre Ergebnisse vor. Es war erstaunlich, was alle zusammengetragen hatten. Vor allem aber hatten wir in diesen 24 Stunden mehr über Marketing gelernt, als es jede Vorlesung vermocht hätte. Wir hatten uns vom Handeln zum Denken bewegt und nicht, wie üblich, in der umgekehrten Richtung.

Was für das Lernen neuer Fachdisziplinen gilt, gilt erst recht für das Lernen über uns selbst. Wer man ist und was in einem steckt, das entdecken wir in der Praxis, indem wir handeln und neue Dinge ausprobieren. Theoretische Überlegungen helfen bei dem Versuch, sich neu zu erfinden, nur begrenzt weiter. Es gilt vor allem, Erfahrungen zu sammeln. Herminia Ibarra, Professorin für Organisational Behaviour an der London Business School, fasst es in ihrem Buch *Working Identity* sinngemäß so zusammen: Es ist viel wahrscheinlicher, dass wir durch Handeln zu einer neuen Denkweise gelangen, als dass wir durch Denken zu einer neuen Handlungsweise kommen (Ibarra 2002). Wir müssen also experimentieren!

Design Thinking in eigener Sache

Beim Experimentieren kann man den Design-Thinking-Ansatz aus der agilen Produktentwicklung und die Idee des sogenannten Minimum Viable Product (MVP) adaptieren. Wörtlich übersetzt ist ein MVP ein »minimal funktionsfähiges Produkt«. Der Silicon-Valley-Unternehmer und Autor Eric Ries hat diesen Begriff mit seiner Lean-Startup-Methode populär gemacht (Ries 2012). Ein MVP ermöglicht es, die Feedbackschleife von Bauen, Testen und Lernen schnell und effektiv zu durchlaufen. Im Gegensatz zur klassischen Produktentwicklung geht es dabei nicht um Perfektion, sondern um einen beschleunigten Lernprozess und um die Überprüfung von Geschäftshypothesen. Ganz in der Tradition von Francis Bacon.

Etwas unkonventionell ausgedrückt, ist es durchaus möglich, sich selbst bei seinen Experimenten als MVP zu betrachten. Denn es geht nicht darum, eine perfekte neue Version von sich selbst in allen Facetten zu testen. Es geht vielmehr darum, einen effektiven Lernprozess in Gang zu setzen. Sich neu zu erfinden ist kein linearer Prozess, der sich in allen Schritten durchplanen lässt. Vielmehr verlässt man mit seinen Experimenten den Bereich der Stabilität und »surft am Rande des Chaos« (siehe dazu Pascale 2000). Das ist der Ort, an dem Innovation und Entdeckung stattfinden. Anders ausgedrückt:

Damit Neues entsteht, müssen wir uns mit unseren Experimenten bewusst aus der Komfortzone bewegen.

Jedes Mal, wenn Sie eine Lernschleife durchlaufen haben, verfügen Sie über wichtige neue Informationen, die Sie auswerten können. Dazu können Sie sich gezielt Fragen stellen, zum Beispiel:

- Was habe ich gelernt?
- Welche meiner Hypothesen haben sich bestätigt? Welche nicht?
- Wie viel Energie hat mir die neue Erfahrung gegeben?
- Wie hat mein Umfeld reagiert?
- Welche neuen Ideen haben sich ergeben?
- Was würde ich beim nächsten Mal anders machen?

Auf diese Art und Weise können Sie mit jedem Lernzyklus verschiedene Versionen Ihrer selbst testen. Wie im Design Thinking üblich, sollten Sie bei der Suche nach neuen Identitäten zunächst den Optionenraum weit öffnen und so viele Experimente wie möglich machen. Man sollte erst entdecken, bevor man eingrenzt.

Neuerfindung »light«: Neue Identität im alten Job

Um sich neu zu erfinden, muss man nicht den Job wechseln. Man kann auch seine alte Aufgabe anders definieren und so zu einer neuen beruflichen Identität finden, wie das folgende Beispiel zeigt.

Wie sich ein Kunde neu erfand

Ein Kunde von mir, erfahrener Geschäftsführer eines mittelständischen Unternehmens im Bereich der Automation, fühlte sich zunehmend eingegrenzt in den Alltagsroutinen seines Jobs. Ein Kostenprogramm folgte auf das nächste, die Firma schien sich nur noch mit sich selbst zu beschäftigen und verlor Marktanteile. Es fiel ihm immer schwerer, neue Impulse zu setzen und sich selbst zu motivieren. Er entschied sich zu einem radikalen Schritt und definierte seine Geschäftsführerrolle völlig neu, nämlich als die eines Brückenbauers zu externen Partnern. Statt seine Zeit wie sonst üblich in internen Meetings zu verbringen, sprach er in den folgenden Monaten mit jungen Start-up-Unternehmern, traf sich mit Millennials zum Mittagessen und reiste ins Silicon Valley. In seiner Vision sah er eine neue strategische Ausrichtung für das Unternehmen und für sich selbst eine neue Identität als moderne Führungskraft. Dazu musste er gezielt Experimente durchführen und sich so für neue Ideen und einen neuen Führungsstil öffnen. Indem er sich selbst radikal infrage stellte und persönlich den angestrebten Wandel verkörperte, transformierte er sein Unternehmen in wenigen Jahren zu einem echten Hightech-Player. Für ihn selbst fühlte es sich so an, als wenn er noch mal ganz von vorn angefangen hätte.

Positive Überraschungen

Möglicherweise stoßen wir beim Experimentieren auf schlummernde Gaben und Fähigkeiten, deren Existenz wir bei uns nicht vermutet hätten. Vielleicht, weil wir bisher keine Gelegenheit hatten, sie anzuwenden, oder weil wir sie so verinnerlicht haben, dass sie uns nicht mehr bewusst sind. In der Entwicklungspsychologie werden diese verdeckten Fähigkeiten im Kompetenzstufenmodell beschrieben: Egal, ob Autofahren, Radfahren oder Golfspielen: Als Anfänger beginnt man zunächst auf der Stufe der »unbewussten Inkompetenz«, »man weiß nicht, was man nicht weiß«. Dann durchläuft man die zweite Stufe oder auch die »bewusste Inkompetenz«: Der Groschen fällt und »man weiß dann, was man nicht weiß«. Man beginnt zu lernen. Von dort aus geht es in die dritte Stufe, die »bewusste Kompetenz«: »Man weiß, was man weiß« und wendet es an. Man übt. Auf der letzten Stufe verinnerlicht man das Gelernte, das ist die Stufe der »unbewussten Kompetenz«. Man macht die Dinge ganz natürlich, ohne dass sie einem bewusst sind (siehe https://de.wikipedia.org/wiki/Kompetenzstufenentwicklung).

Sollten Sie bei Ihren Experimenten feststellen, dass Sie bestimmte Dinge ganz unbewusst tun, dann lohnt es sich, noch mal einen Lernschritt zurückzugehen und sich diese Fähigkeit bewusst zu machen. Vielleicht lässt sich daraus viel mehr machen, als Sie bisher geahnt haben. So entdeckte beispielsweise ein Kunde durch sein Engagement in einem Mentoren-Netzwerk seine Fähigkeit, Talente anzuziehen und zu entwickeln – eine Gabe, die die erfolgreichsten Führungskräfte auszeichnet, wie die Forschung zeigt (Collins 2001). Diese Gabe verhalf ihm zum nächsten Sprung auf der Karriereleiter.

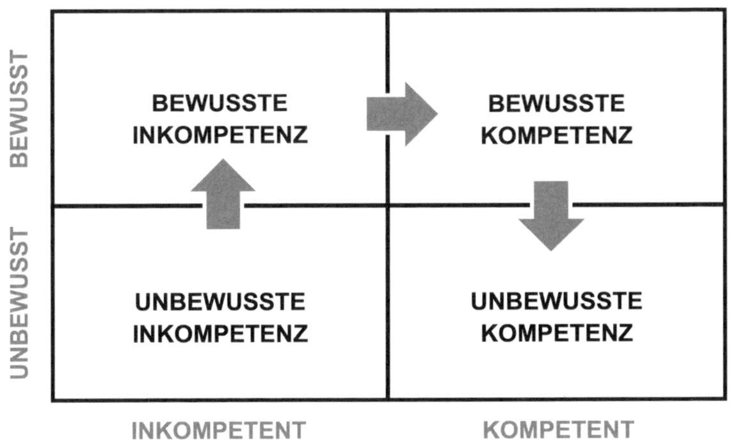

Das Kompetenzstufenmodell

Den eigenen Job zur Plattform machen

Der Wunsch, sich neu zu erfinden, fällt nicht einfach vom Himmel. Häufig sind es externe Impulse, die uns inspirieren und etwas in uns auslösen. Das kann die Zusammenarbeit mit Menschen aus anderen Disziplinen sein, vielleicht das Engagement in einem Projekt außerhalb des eigenen Fachgebiets, die Teilnahme an einer Konferenz, der Besuch einer Universität oder Business-School, vielleicht ein TED-Vortrag oder ein Buch. Indem Sie den eigenen Job zu einer Plattform entwickeln, auf der Sie neue Experimente durchführen, und so über das bekannte Terrain hinausblicken, öffnen Sie sich für Neues und sehen die eigene Rolle in einem innovativen Licht.

Neuerfindung für Fortgeschrittene: Neue Identität und neuer Job

Stellen Sie sich folgende Situation vor: Sie sind erfolgreich. Sie haben mehr erreicht, als Sie jemals erwartet hätten. Sie sind für weitere Positionen im Gespräch. Sie bekommen viel Wertschätzung für Ihre Arbeit. Es könnte eigentlich gar nicht besser für Sie laufen. Wenn da nicht plötzlich dieses Gefühl wäre, dass irgendetwas nicht mehr stimmt. Sie versuchen, das Gefühl zu ignorieren, vergeblich. Sie sagen sich, dass Sie eigentlich zufrieden sein sollten. Sie machen sich selbst Vorwürfe, dass Sie undankbar sind für das, was Sie erreicht haben. Aber es gelingt Ihnen nicht, dieses unbestimmte Gefühl loszuwerden. Im Gegenteil, es wird von Tag zu Tag stärker. Ihr Job kostet Sie immer mehr Kraft. Ganz langsam ahnen Sie, wo das Problem liegt: Sie identifizieren sich nicht mehr mit Ihrem Job. Und trotz aller Anerkennung, die Sie von außen erfahren, spüren Sie, dass das Feuer erloschen ist und sich nicht wieder entzünden lässt. Was tun? Mein Tipp ist:

Begeben Sie sich auf die Suche nach einer neuen beruflichen Identität.

Einigen meiner Coachingkunden, aber auch Freunden und früheren Kollegen, ist es genauso ergangen. Häufig begann der Prozess bereits einige Jahre vor ihrem Ausstieg. Das ist nicht ungewöhnlich, wie die Forschung zeigt. Im Schnitt vergehen drei Jahre zwischen dem Entschluss, das Unternehmen zu verlassen, und dem letzten Arbeitstag. Die Zwischenphase kann sich anfühlen wie das »Leben im Inneren eines Wirbelsturms«, wie Herminia Ibarra es ausdrückt (Ibarra 2002). Das Problem: Man weiß dann zwar, welche berufliche Identität man ablegen will. Aber wie kann man eine neue finden?

Natürlich liegt es nahe, in solchen Situationen den Weg abzukürzen und einen Personalberater anzurufen oder die Stellenanzeigen im Internet zu studieren. Leider führt dieser Schritt nicht sehr weit, denn so treffen oft entgegengesetzte Interessen aufeinander: Der Kandidat sucht eine neue Identität, der Personalberater interessiert sich für die alte Identität, denn nur die kann er wirklich vermitteln. Auf diesem Weg bekommt man bestenfalls »alten Wein in neuen Schläuchen«, macht den gleichen Job in einem anderen Unternehmen und wundert sich nach ein paar Jahren, dass das Feuer immer noch aus ist. Um sich neu zu erfinden, braucht es unkonventionelle Wege und vor allem Zeit. Konkret heißt das:

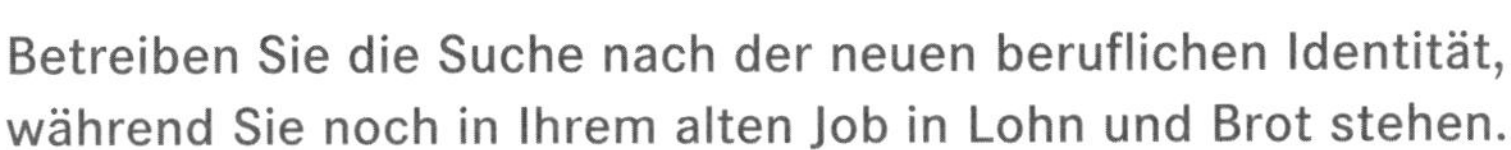

Betreiben Sie die Suche nach der neuen beruflichen Identität, während Sie noch in Ihrem alten Job in Lohn und Brot stehen.

Zunächst gilt: Sie müssen sich sehr gut organisieren können, wenn Sie neben dem Tagesgeschäft Experimente mit einer ganz neuen beruflichen Identität durchführen wollen. Zum anderen ist es eine Frage der persönlichen Energie. Wenn Sie sich neu erfinden, ohne den Job zu wechseln, dann gibt es Synergieeffekte, denn das Experimentieren, etwa mit einem neuen Führungsstil, erfolgt größtenteils im Tagesgeschäft. Sind Sie aber auf der Suche nach einer neuen beruflichen Identität, entfallen diese Synergieeffekte. Dann müssen Sie nicht nur die Energie für den aktuellen Job aufbringen – Sie benötigen zugleich zusätzliche Energie für Experimente in Ihrem neuen Umfeld.

Meiner Erfahrung nach gibt es drei Möglichkeiten, mit denen parallel zum bestehenden Job mit neuen beruflichen Identitäten experimentiert werden kann: eine befristete Nebentätigkeit, eine Teilzeitausbildung oder ein Sabbatical.

Die befristete Nebentätigkeit

Bei der befristeten Nebentätigkeit engagiert man sich neben dem Tagesgeschäft in anderen Themen oder Projekten und kann so mit neuen Identitäten experimentieren. So baute beispielsweise ein Kunde von mir neben seiner Rolle als Leiter im Bereich Qualität ein internes Resilienz-Trainingsprogramm für Führungskräfte im Unternehmen auf und machte sich auf dieser Basis später sehr erfolgreich selbstständig. Ich selbst habe mich neben meiner Beratungstätigkeit im Recruiting und Career Development engagiert und dabei meine Leidenschaft für das Thema Karrieremanagement entdeckt. Der Vorteil einer Nebentätigkeit ist, dass ein radikaler Schritt vermieden wird. Die Experimente finden somit in einer weitgehend risikofreien Umgebung statt.

Die Teilzeitausbildung

Eine Variante der befristeten Nebentätigkeit ist ein Studium oder eine Ausbildung neben dem Beruf. Dieses Format gibt Struktur und zwingt zu einer regelmäßigen Auseinandersetzung mit einem neuen Thema, das möglicherweise zu einer neuen Berufung werden kann. So entschied sich ein früherer Kunde von mir zu einem Studium der Wirtschaftspsychologie parallel zu seiner Arbeit als Fertigungsleiter und machte sich später als Organisationsberater selbstständig. Ein anderer früherer Kollege von mir machte neben seiner Beratungstätigkeit eine Ausbildung zum Fotografen und verwirklichte später seinen Traum von einem eigenen Fotostudio.

Das Sabbatical

Wenn das Experimentieren mit einer neuen beruflichen Identität mehr Zeit, Energie und vor allem objektive Distanz zur aktuellen Rolle erfordert, als es neben dem Job möglich ist, dann bietet sich ein Sabbatical an. Eine Auszeit schafft den nötigen Freiraum, um über die Zukunft nachzudenken. So testete ein früherer Beraterkollege von mir im Rahmen eines Sabbaticals die Idee, zusammen mit Freunden eine Private-Equity-Gesellschaft zu gründen. Die berufliche Auszeit eröffnete ihm die Möglichkeit, sich ausgiebig mit den verschiedenen Facetten der Rolle eines Investors zu befassen und das Interesse im Markt zu testen. Nach dem gelungenen Experiment entschied er sich unmittelbar zum Schritt in die Selbstständigkeit. Er gehört heute zu den führenden Midcap-Investoren in Deutschland.

Wie ein Kollege seine Berufung fand

Es gibt auch Fälle, da strahlt die neue Identität in Form einer wahren Berufung für alle sichtbar deutlich hervor, während man selbst noch etwas Zeit für den letzten Schritt in das neue Leben braucht. So ähnlich ging es einem meiner früheren Kollegen in unserem New Yorker Office. Er war zwar ein talentierter Berater, aber seine eigentliche Leidenschaft galt der Musik, die er schließlich zu seinem Beruf machte. Sein Name ist John Roger Stephens. Sie kennen ihn vielleicht besser unter seinem Künstlernamen: Es ist John Legend, einer der wenigen Künstler, der sowohl den Emmy als auch den Grammy, den Oscar und den Tony Award gewonnen hat, den sogenannten EGOT. Viele Jahre später, als er schon berühmt war, gab uns John in einem fast familiären Rahmen eines Partner-Meetings ein Sonderkonzert. Dabei sprach er auch über seinen ungewöhnlichen Weg vom Berater zum Popstar. Es ist für mich ein wunderbares Beispiel, wie jemand seine wahre Identität und Berufung finden kann.

Übung: Experimentieren Sie mit ungewöhnlichen Themen

- Gehen Sie in ein Buchgeschäft und kaufen Sie sich ein Buch zu einem Thema, mit dem Sie sich normalerweise nicht beschäftigen würden.
- Halten Sie im nächsten Quartal einen Vortrag zu einem Thema, für das Sie kein Fachexperte sind; bewegen Sie sich bewusst aus Ihrer Komfortzone.
- Engagieren Sie sich in den nächsten drei Wochen für ein Projekt, das nicht in Ihrem Fachbereich liegt.
- Schreiben Sie auf, was Sie dabei gelernt haben: Welche neuen Impulse nehmen Sie mit?

Entdecken: Warum Kollegen beim Jobwechsel hinderlich sind

Wenn Sie eine neue berufliche Identität suchen, dann brauchen Sie Menschen, die Sie dabei emotional und mit gutem Rat unterstützen. Sie brauchen Menschen, die Sie inspirieren, die Ihnen auf Ihrer Suche helfen, sich selbst zu erkennen und zu entwickeln, die vielleicht sogar, ähnlich wie Sie, ihren eigenen Weg in Zweifel stellen. Diese Menschen haben einen wichtigen Einfluss auf das Ergebnis Ihrer Suche – sie können wie Katalysatoren wirken. Allerdings werden Sie diese Menschen wahrscheinlich nicht in Ihrem heutigen Umfeld finden. Sie müssen neue Verbindungen und Kontakte knüpfen und sich an die Ränder Ihres heutigen Netzwerks begeben.

Ein Experiment: Zehn Tage ohne Identität

Vor ein paar Jahren nahm ich an einem zehntägigen Schweige-Retreat teil. Das war eine interessante Erfahrung, nicht nur wegen der Meditation. Es ist ungewöhnlich, zehn Tage mit ungefähr 100 Menschen auf engem Raum zu verbringen und täglich viele Stunden nebeneinander zu sitzen, ohne ein einziges Wort miteinander zu wechseln. Man weiß nur, wie die anderen Menschen aussehen, wie sie auf ihren Kissen sitzen, was sie essen, wie sie sich bewegen. Aber man kennt nicht ihre Namen, ihre Nationalität, ihre Sprache, ihr Alter und auch nicht ihren Beruf. Man kann sich nur ein vages Bild von ihnen machen, auf Basis der visuellen Information, aber man kann sie nicht einordnen. Wenn dann nach zehn Tagen das Schweigen gebrochen wird und man etwas über die Identität dieser Menschen erfährt, merkt man sehr deutlich, welch großen Einfluss der Beruf auf die Wahrnehmung eines Menschen hat. Ich habe damals hautnah erfahren, wie rasch wir andere Menschen in Schubladen stecken, auch wenn wir nicht viel über sie wissen.

Vergessen Sie Kollegen und Freunde!

Die berufliche Identität eines Menschen hilft uns, ihn in unser Weltbild einzusortieren und uns eine erste Meinung über ihn zu bilden. Wir können uns dabei nicht vollkommen frei machen von Stereotypen. »Ach, so einer sind Sie also«, durfte ich mir des Öfteren anhören, sobald ich mich als Unternehmensberater zu erkennen gegeben hatte.

!

Unser Beruf ist eine Art Aushängeschild. Er prägt unsere soziale Identität und unsere Wahrnehmung in sozialen Gruppen, wie etwa im Kreis der Kollegen, im Freundeskreis, aber auch in der Familie.

Andere Mitglieder in dieser Gruppe beziehen ihre eigene soziale Identität und damit ihr Selbstkonzept aus der Mitgliedschaft in dieser Gruppe. So werden wahrscheinlich einige Ihrer Freunde Sie nicht nur als Person schätzen, sondern auch stolz sein, dass sie mit Ihnen einen Arzt, Banker oder Vorstand im Freundeskreis haben. Bei einigen traditionellen Gesellschaftsklubs wird die berufliche Identität sogar zum Eintrittsticket in die soziale Gruppe. Auch Ihre Familie nimmt Sie nicht nur als Ehefrau, Ehemann, Mutter oder Vater wahr, sondern auch als Anwältin, Ingenieur, Controller oder was auch immer Sie machen. Es ist das, was Ihre Kinder über Sie in der Schule erzählen.

Wenn man also damit beginnt, seine berufliche Identität zu verändern, dann greift man damit auch in das Gefüge anderer sozialen Gruppen ein und stellt indirekt das Selbstkonzept anderer Mitglieder infrage. Kein Wunder, dass wir dort dann zunächst auf Skepsis und Ablehnung stoßen. Falls jemand sich entschieden hat, seinen Job als Vorstand einer IT-Beratung an den Nagel zu hängen, um stattdessen einen spirituellen Weg einzuschlagen, dann sollte sie oder er besser nicht mit der Begeisterung und breiten Unterstützung der Kollegen, der Freunde und schon gar nicht der Familie rechnen. Viele werden diesen Schritt nicht nachvollziehen können. Bei der Familie kommen vielleicht auch noch Versorgungsängste hinzu. Die mentale Unterstützung muss man sich daher woanders holen. Übrigens handelt es sich bei diesem Beispiel um einen sehr konkreten Fall: Ein früherer Meditationslehrer von mir hat tatsächlich den Weg vom IT-Vorstand zum Gründer eines Meditationszentrums eingeschlagen.

Vielleicht wird Ihr Umfeld sogar versuchen, Ihnen den Schritt zu einer neuen beruflichen Identität auszureden. »Mach das bloß nicht! Es ist ein Fehler, und du wirst ihn dein Leben lang bereuen«, sagte mir ein Ingenieurkollege vor vielen Jahren, als ich ihm von meinem Plan erzählte, meine Position als leitender Angestellter im Konzern aufzugeben und in einer Beratung noch mal ganz von vorn anzufangen. Es war ein gut gemeinter Rat, aber er war falsch, denn ich habe diesen Schritt nie bereut.

Möglicherweise werden einige Kollegen und Bekannte auch das Interesse verlieren und den Kontakt abbrechen, sobald Sie Ihre berufliche Identität ändern. Sie waren stolz, zum Beispiel die Partnerin einer renommierten Wirtschaftsprüfungsgesellschaft zu kennen. Mit einer Gründerin auf Geldsuche für ihr Start-up können sie nichts anfangen. Diese menschlichen Enttäuschungen sind gerade bei einem radikalen beruflichen Wechsel nicht zu vermeiden. Das habe ich persönlich auch erlebt. Manchmal gibt es aber auch positive Überraschungen und man erfährt plötzlich Unterstützung von Menschen, mit der man gar nicht gerechnet hätte. So oder so, wenn Sie Ihre berufliche Identität verändern wollen, werden Sie nicht umhinkommen, sich Inspiration, mentale Unterstützung und konkreten Rat auch außerhalb des vertrauten Umfeldes zu suchen. Und dazu müssen Sie neue Kontakte und Verbindungen schaffen.

Die Revolution beginnt in der Peripherie

Wer Inspiration für eine neue berufliche Identität sucht und einen persönlichen Veränderungsprozess anstoßen will, sollte sich an die Ränder seines Netzwerks begeben und mit Menschen sprechen, mit denen er sonst nicht spricht. Bekanntermaßen begann die Reformation auch nicht in Rom. Luther schlug seine 95 Thesen an die Schlosskirche von Wittenberg, ein Ort, von dem zu dieser Zeit in Rom wahrscheinlich kaum jemand gehört hatte. Einschneidende Veränderungen beginnen häufig in der Peripherie und nicht im Zentrum. Das gilt auch für unsere eigene Veränderung.

Impulse für die Transformation der beruflichen Identität gibt es oft dort, wo man normalerweise nicht hinschaut und hinhört, etwa im Austausch mit Designern, Künstlern, Unternehmern, Programmierern oder vielleicht auch politischen Aktivisten. Der Management-Guru Tom Peters hat es einmal so ausgedrückt: »Hang out with Freaks!« (Peters 2002). Indem Sie einen Teil Ihrer Zeit mit Visionären, Vordenkern und Pionieren am Rand oder außerhalb des konventionellen Netzwerks verbringen, lassen Sie sich in die Zukunft ziehen. Dabei geht es vor allem um Inspiration und um die Erweiterung Ihres Horizonts. Daraus kann dann ein Initialimpuls für die eigene Veränderung entstehen.

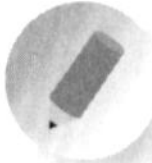

Übung: Erweitern Sie Ihr Netzwerk

- Treffen Sie in den nächsten drei Wochen drei Personen zum Mittagessen, die Sie normalerweise nie treffen würden, vielleicht eine Künstlerin, einen Start-up-Unternehmer oder einen Wettbewerber.
- Treten Sie einer neuen virtuellen Gruppe bei, etwa bei Linkedin oder Clubhouse. Hören Sie sich Vorträge an und beteiligen Sie sich an den anschließenden Diskussionen.

- Nehmen Sie Kontakt zu alten Freunden auf, die einen ganz anderen Weg als Sie eingeschlagen haben und die Sie aus den Augen verloren haben.
- Nehmen Sie sich vor, bei der nächsten Einladung oder Party mindestens drei neue Menschen kennenzulernen.
- Reflektieren Sie über die Gespräche, die Sie geführt haben. Welche neuen Ideen haben Sie mitgenommen? Welche Ideen wollen Sie weiterverfolgen?

Seien Sie offen für jeden neuen Kontakt, der sich ergibt. Experimentieren Sie mit Ihrem Netzwerk. Der Unternehmer und Virgin-Gründer Richard Branson hat es einmal ganz wunderbar gesagt: »Die Person (...), die Ihnen hilft, Ihre neue Idee auf den Weg zu bringen, sitzt vielleicht im Café am Nebentisch. Gehen Sie hin und sagen Sie *Hallo.*« (Branson 2014, Übersetzung von mir)

Rollenmodelle, Navigatoren und mentale Unterstützer

Sobald Sie erste Ideen für eine neue berufliche Identität haben, helfen Ihnen drei Arten von Kontakten beim weiteren Experimentieren weiter: Rollenmodelle, Navigatoren und mentale Unterstützer.

Rollenmodelle

Rollenmodelle geben initiale Ideen und Anregungen zu beruflichen Identitäten, an die man bisher vielleicht noch nicht gedacht hat. Es sind inspirierende Persönlichkeiten, die über ihre berufliche Identität nicht nur mit Begeisterung sprechen, sondern sie zudem glaubhaft vorleben. So hat mich auf meinem Schritt vom Ingenieur zum Berater damals ein Unternehmensberater inspiriert, der zuvor selbst Ingenieur war und diesen Weg sehr überzeugend gegangen ist. Durch ihn kam ich auch auf die Idee, an einem MBA-Programm teilzunehmen.

Navigatoren

Navigatoren helfen, die Verbindung zu neuen Menschen herzustellen, und weisen uns somit den Weg. Es sind Personen, die über ein sehr breites und dichtes Netzwerk verfügen. Ihre eigene berufliche Identität ist dabei völlig unerheblich. Wenn Sie mit ihnen über Ihre Idee eines beruflichen Wechsels sprechen, dann zeigen sie nicht nur Interesse und Verständnis – ihnen fallen dann oft die Namen von anderen Personen ein, mit denen sie Sie in Kontakt bringen wollen. So haben mir auf meinem Weg zum Coach mehrere Navigatoren geholfen, indem sie mich mit erfahrenen Coaches in Verbindung gebracht haben, die eine ähnliche Vita wie ich hatten. Die daraus folgenden inspirierenden Gespräche haben mir schließlich den Anstoß gegeben, eine Ausbildung zum Businesscoach zu machen. Umgekehrt helfe ich heute Führungskräften, die sich verändern wollen, mit meinem persönlichen Netzwerk.

Mentale Unterstützer

Und schließlich brauchen Sie für Ihr Vorhaben mentale Unterstützung, die Sie, wie wir gesehen haben, möglicherweise nicht aus Ihrem unmittelbaren Umfeld bekommen. Die wahrscheinlich beste mentale Unterstützung erhalten Sie über Peergroups. Das sind Gleichgesinnte, die sich auf einem ähnlichen Weg befinden wie Sie und vielleicht ähnliche Träume und Ziele haben. Ich bin sicher: Der unmittelbare Erfahrungsaustausch wird Sie motivieren und in Ihrem Vorhaben bestätigen. So kann ich mich noch gut daran erinnern, wie überrascht ich war, bei meiner Coachingausbildung in London auf so viele Führungskräfte aus den unterschiedlichsten Branchen zu treffen, die sich die gleichen Gedanken gemacht hatten wie ich. Wir hatten uns zu ähnlichen Zeitpunkten in der Karriere auf die Suche begeben, ähnliche Fragen gestellt und teils dieselben Bücher gelesen. Dieser Austausch hat mich motiviert, meinen neuen Weg konsequent weiterzugehen. Aus dieser Gruppe ist ein sehr starkes Netzwerk entstanden, von dem ich bis heute profitiere, vom Gedankenaustausch bis zur Geschäftsentwicklung.

Wie ein Kollege und ich über Nacht unser Netzwerk erweiterten

Manchmal kann sich eine ganze Welt neuer Kontakte auf einen Schlag eröffnen, wenn wir bereit sind, den ersten Schritt zu machen. Dazu ein Beispiel: Vor ein paar Jahren schrieb ich zusammen mit einem Kollegen einen Fachartikel über den Meditationstrend unter Führungskräften. Der Artikel war eher aus einer Laune heraus entstanden, wurde aber von verschiedenen Fachmagazinen weltweit aufgegriffen und fand viel Resonanz (Greiser, Martini 2018). Uns war nicht bewusst, wie viele Menschen sich mit diesem Thema befassten. Plötzlich ergaben sich völlig neue Kontakte. Es gab Einladungen zu Konferenzen, den persönlichen Austausch mit Unternehmen und Führungskräften, zu denen wir vorher nie Kontakt gehabt hatten, sowie Verbindungen zu industrieübergreifenden Arbeitsgruppen und politischen Institutionen. Die inspirierenden Gespräche führten zu einem neuen firmeninternen Trainingsangebot für Achtsamkeit – und zum nächsten Artikel. Es war wie ein Lawineneffekt. Die neuen Kontakte hatten uns eine völlig neue Welt eröffnet. Mein Kollege, ermuntert durch den Erfolg, entschied sich später für einen neuen beruflichen Weg als Coach und Meditationstrainer.

Wenn wir die Entwicklung neuer Kontakte kultivieren, entsteht daraus im Laufe der Zeit oft ein völlig neues Netzwerk. Wir begegnen immer mehr Menschen, die das repräsentieren, was wir selbst werden möchten. Durch den Austausch beginnt sich das eigene Denken zu ändern. Ähnlich wie beim Experimentieren kommen wir auch hier vom und über das Handeln ins Denken. Fast unbewusst beginnen wir, Schritt für Schritt eine neue berufliche Identität anzunehmen.

Erzählen: Wie Sie der eigenen Geschichte einen neuen Sinn geben

In meiner Zeit als Recruiting Director in der Beratung habe ich unzählige CVs von Absolventen und erfahrenen Quereinsteigern gelesen. Besonders spannend fand ich dabei die unerwarteten Wendungen in einem Lebenslauf. Eine Volkswirtin, die eine Tauchschule in Asien gegründet hatte, ein Physiker, der zunächst Theologie studiert hatte, eine Bankerin, die einst

Profisportlerin war. Viele von ihnen wurden später sehr erfolgreich. Solche Brüche sind auch bei großen Führungspersönlichkeiten nicht ungewöhnlich. So war die US-Geschäftsfrau Sheryl Sandberg zunächst Stabschefin im US-Finanzministerium, bevor sie zu Google und Facebook wechselte und später Bestsellerautorin wurde. Auch der Lebenslauf von Bill Gates zeigt eine unerwartete Wendung vom Microsoft-Gründer zum Philanthropen. Beide waren in der Lage, sich neu zu erfinden und ihre eigene Geschichte auf überraschende Art und Weise neu zu erzählen.

!

Wer sich neu erfinden will, darf sich nicht von seiner bisherigen Geschichte eingrenzen lassen. Wer sagt denn, dass ein Journalist immer Journalist, ein Anwalt immer Anwalt, ein Ingenieur immer Ingenieur bleiben muss? Stattdessen sollte man sich dafür öffnen, mit den Erkenntnissen der Experimente seine eigene Geschichte neu zu erzählen und ihr einen neuen Sinn zu geben.

Allerdings: Dazu müssen Sie sich von konventionellen Vorstellungen über Dinge wie Erfolg und Karriere lösen. Und hier begegnen wir wieder einmal einem Paradox.

Das Authentizitätsparadox

Als Führungskraft sollte man vor allem authentisch sein: Diesem Mantra begegnen wir immer wieder in der Leadership-Literatur und an vielen Business-Schools. Aber was heißt »authentisch« eigentlich im Kontext der persönlichen Veränderung? Bewege ich mich dann außerhalb meiner Komfortzone und lerne dazu? Oder verhalte ich mich so nicht authentisch und gebe vor, etwas zu sein, das ich eigentlich nicht bin?

Wer sich neu erfinden will, darf sich nicht durch das limitieren lassen, was er heute ist. Egal, ob Sie sich im bestehenden Job neu erfinden wollen oder eine ganz neue berufliche Identität suchen: Sie müssen über Ihr heutiges Selbstbild hinausgehen und die Grenzen der vorgezeichneten Geschichte im eigenen Kopf überschreiten. Dabei werden Sie nicht umhinkommen, sich zunächst als unfertig zu betrachten und sich somit aus der eigenen Komfortzone zu bewegen. Und je mehr Sie sich aus der Komfortzone bewegen, desto mehr wird es Sie in die alten Verhaltensweisen und in das alte Rollenmodell zurückziehen. »Was machst du hier eigentlich für einen Unsinn, bleib, wer du wirklich bist«, wird Ihre innere Stimme dann vielleicht zu Ihnen sagen. Die Forschung zeigt allerdings, dass Lernen häufig mit scheinbar unnatürlichen und oberflächlichen Verhaltensweisen beginnt und dass man, um als Führungskraft wachsen zu können, Dinge tun sollte, von denen ein streng authentisches Selbstverständnis einen eigentlich abhält (Ibarra 2015). Nur so kann das Ziel erreicht werden, sich in die Richtung einer zukünftigen Version des authentischen Selbst zu entwickeln.

!

In der Praxis gelingt das, indem Sie offen dafür sind, von anderen zu lernen, im Hier und Jetzt zu handeln und verschiedene Versionen Ihrer eigenen Geschichte zu testen.

Von anderen lernen

»Gute Künstler kopieren, große Künstler stehlen«, soll der Maler Pablo Picasso einmal gesagt haben. Und das gilt auch für Führungskräfte. Natürlich will man nicht die schlechte Kopie einer anderen Führungspersönlichkeit abgeben. Aber wir sollten auch nicht an einem »wahren Selbst« festhalten, das uns daran hindert, einen Schritt nach vorn zu machen. Stattdessen gilt es, bei den eigenen Experimenten Rollenmodelle und Vorbilder genau zu beobachten, einzelne Elemente zu adaptieren, zu verfeinern und neu zusammenzusetzen, bis es passt, und schließlich wieder zu der Person zu werden, die man selbst und auch andere als authentisch bezeichnen können.

Im Hier und Jetzt handeln

Wenn man ganz im Hier und Jetzt handelt, ohne zu bewerten, dann ist man auch authentisch. Wenn man aber denkt, bevor man handelt, dann hinterlässt das Denken eine »Spur im eigenen Geist«. Die Aktivität wird überschattet von einer vorgefassten Idee und einer bestimmten Vorstellung von Richtig und Falsch, von Authentisch und Nichtauthentisch. Diese Spur kann man vermeiden, indem man sich in dem, was man tut, »vollständig verbrennt wie ein gutes Feuer, das keine Spuren hinterlässt«, wie es im Zen heißt (Suzuki 1999).

Verschiedene Versionen der eigenen Geschichte testen

Spannende Geschichten sind vor allem jene, bei denen wir den Ausgang noch nicht kennen. Es sind Geschichten mit ungewöhnlichen Wendungen und Überraschungen. In der Regel folgt eine gute Story dem Vierklang aus Situation, Desaster, Wendepunkt und Happy End (Etzold 2020). Der weitere Verlauf der Geschichte gibt den vorangegangenen Ereignissen einen Sinn. Ganz ähnlich verhält es sich mit der eigenen Lebensgeschichte. So muss zum Beispiel ein berufliches Scheitern nicht unbedingt das Ende der Karriere einläuten, sondern kann auch den Wendepunkt in der Gesamterzählung markieren. Die Biografien von Unternehmerinnen und Unternehmern wie Arianna Huffington oder Steve Jobs sind prominente Beispiele dafür. Das heißt: Indem Sie verschiedene Versionen Ihrer eigenen Lebensgeschichte testen, können Sie Ihren Handlungen einen neuen Sinn geben. Diese erscheinen damit rückblickend authentisch.

Es ist meiner Erfahrung nach der Umgang mit der eigenen Geschichte, der bei dem Versuch, sich neu zu erfinden, die größte Rolle spielt. Wenn es Ihnen gelingt, diese Geschichte auf elegante Art und Weise neu zu erzählen und ihr neuen Sinn zu verleihen, dann sind Sie Ihrer neuen Identität einen großen Schritt nähergekommen.

Ausbrechen: Sich aus der eigenen Lebensgeschichte befreien

Unser Lebensnarrativ erklärt, wer wir sind, wer wir werden und auf welchem Weg wir dorthin gelangen. Es gibt unserem Leben einen Sinn. Dieses Narrativ können wir verändern, es ist nicht festgeschrieben. Wir müssen uns dazu aber von Stereotypen und eingrenzenden Karrierebildern befreien. Das entspricht der »schöpferischen Zerstörung« (nach Joseph Schumpeter, https://de.wikipedia.org/wiki/Schöpferische_Zerstörung) einer veralteten Erzählung von sich selbst, indem man Elemente seines bisherigen

Lebenswegs neu interpretiert und neu zusammensetzt. Man erfindet quasi seine eigene Vergangenheit neu, damit sie in der gewünschten Zukunft endet. Scheinbar irrationale Handlungen gewinnen so an Bedeutung. Auf diese Weise löst man eines der zentralen Identitätsprobleme beim beruflichen Wechsel: Man verbindet seine alte und neue Identität. Das zeigt das folgende Beispiel.

In einer Unternehmensberatung sind Karrierewechsel keine Seltenheit. Es vergeht fast keine Woche, ohne dass man eine Abschieds-E-Mail einer Kollegin oder eines Kollegen erhält. Viele sehen die Zeit in der Beratung als Sprungbrett und setzen ihre Karriere danach zum Beispiel in der Industrie oder in einem Privat-Equity-Unternehmen fort oder gründen ein eigenes Unternehmen. Es gibt aber auch sehr überraschende Karrierewechsel, wie etwa bei Philip, einem früheren Kollegen von mir aus unserem Londoner Büro. Auf dem Höhepunkt seines Erfolgs kamen ihm bei einem Spaziergang am Strand plötzlich Zweifel, ob er seine wahre Berufung gefunden hätte. Nach einer Phase der intensiven inneren Auseinandersetzung mit einem möglichen neuen Lebensweg, verbunden mit einem emotionalen Auf und Ab, entschied er sich schließlich, seinen prestigeträchtigen Job als Partner aufzugeben und stattdessen seine Talente und Fähigkeiten einer ganz anderen Institution zur Verfügung zu stellen: der Kirche von England. Philip gab seiner eigenen Geschichte einen neuen Sinn und schrieb sie auf überraschende Art und Weise fort. Es lohnt sich, sich unter https://youtube/g93NhV33Mhw Philips Vortrag »Finding your personal mission in life« anzuhören.

!

Wir können unsere Lebensgeschichte nicht von einem Tag auf den anderen ändern. Es wird möglicherweise einer schrittweisen Annäherung bedürfen, bis sie schließlich in ein neues Lebensnarrativ mündet.

Möglicherweise sind es einschneidende Erlebnisse, die wichtige Wendepunkte markieren, positive wie negative Erlebnisse. Vielleicht werden wir die Wendepunkte auch erst im Nachhinein erkennen. Vielleicht müssen wir erst einen Schritt zurücktreten, um wieder vorwärtszukommen. Vielleicht benötigen wir viele chaotische Experimente und Versuche, bis wir endlich Klarheit haben und die eigene Geschichte verstehen. Welchen Weg wir auch beschreiten, wenn wir ihn konsequent gehen, führt er zu einem neuen authentischen Selbst. Dann können wir mit Recht sagen, dass wir uns »neu erfunden« haben.

Übung: Erzählen Sie Ihre eigene Lebensgeschichte weiter

Stellen Sie sich vor, Sie kommen an einen Kreisverkehr. Jede Abzweigung entspricht einem weiteren möglichen Verlauf Ihres beruflichen Weges:

1. Abzweigung: Verwirklichung eines Traums aus Ihrer Jugend
2. Abzweigung: eine überraschende berufliche Wendung
3. Abzweigung: Verwirklichung einer verrückten Idee
4. Abzweigung: ein spannender, aber risikoreicher Weg

Welche beruflichen Optionen ergeben sich entlang der einzelnen Wege? Welche Chancen und Möglichkeiten ergeben sich? Welche weiteren Abzweigungen könnte es geben?

Streichen Sie jetzt die Abzweigungen durch, die für Sie definitiv nicht infrage kommen. Erzählen Sie, wie Ihre Geschichte für die verbleibende Optionen weiterverlaufen würde und wie das zu Ihrem bisherigen Weg passt. Schreiben Sie diese Geschichten auf und nehmen Sie sie ab und zu wieder zur Hand.

Kurz gesagt

- Wenn Sie sich neu erfinden wollen, dann sollten Sie zunächst mit neuen beruflichen Identitäten wie in einem Labor experimentieren.
- Es ist sinnvoll, mit dem Handeln zu beginnen und nicht mit dem Denken, denn wer man ist und was in einem steckt, das entdeckt man vor allem in der Praxis.
- Damit wirklich Neues entstehen kann, sollten Sie außerhalb Ihrer Komfortzone experimentieren.
- Sie können im alten Job eine neue Identität annehmen, indem Sie sich selbst radikal infrage stellen und in Ihrem Umfeld Experimente durchführen.
- Um neben dem Job zu experimentieren, bieten sich ein Nebenjob, eine Teilzeitausbildung oder ein Sabbatical an.
- Das alte Netzwerk und das alte Umfeld sind bei der Suche nach einer neuen beruflichen Identität hinderlich, Sie müssen sich in die Peripherie begeben.
- Sie können Ihre berufliche Geschichte neu erzählen, indem Sie dem bisherigen Weg einen neuen Sinn geben.
- Um die eigene berufliche Geschichte neu zu erzählen, müssen Sie sich von konventionellen Vorstellungen zu Aspekten wie Erfolg, Karriere und Authentizität lösen.

Für alle Neugierigen: Wie es mit Yvonne weiterging

Yvonne hat genau das gefunden, was sie gesucht hatte: ein hoch dynamisches unternehmerisches Umfeld, ein inspirierendes Team, eine Unternehmenskultur, die durch Offenheit und Eigenverantwortung geprägt ist, und einen sehr breiten Verantwortungsbereich. Sie hat nach eigenen Worten im ersten Jahr im neuen Umfeld mehr dazu gelernt als in ihren letzten drei Jahren im Konzern. Das Start-up ist inzwischen stark gewachsen. Die Anrufe der Personalberater haben seit Yvonnes Wechsel zugenommen: Immer wieder erhält sie interessante Angebote. Ihre neue Geschichte, die sie zu erzählen hat, hat sie für den Markt noch attraktiver gemacht.

Erneut starten: Nach einer Pause in Schwung kommen

» *Autofahrer, die ihr Fahrzeug über einen längeren Zeitraum außer Betrieb nehmen und abstellen, müssen damit rechnen, dass bei der Wiederinbetriebnahme nicht alles wie gewohnt funktioniert.* «

WEB.DE, RATGEBER, AUTO & MOBILITÄT 2016

Wenn Ihr Auto lange Zeit gestanden hat, weil Sie es für den Winter abgemeldet haben oder jetzt im Homeoffice arbeiten und nicht mehr zur Arbeit fahren, können sich beim Start Probleme ergeben. Vielleicht hat sich die Batterie entladen und Sie müssen Ihren Wagen erst mal anschieben. Ganz ähnlich verhält es sich, wenn Sie nach einer längeren Auszeit wieder in den Job zurückkehren oder eine neue Lebensphase beginnen. Hier lauert Karriere-Stopper Nr. 6: Naivität im Umgang mit dem Neustart nach einer Pause. Sie müssen sich richtig darauf vorbereiten, sonst könnte es einen Fehlstart geben. Das zeigt die Geschichte von Wolfgang.

Fallstudie: Wolfgang

»Ich hoffe, Sie können auch draußen coachen, mir kommen an der frischen Luft immer die besten Ideen«, sagt Wolfgang und lacht. »Ich habe uns einen schönen ruhigen Platz reserviert. Schön, Sie zu sehen.«

»Willkommen zurück«, sage ich.

Es ist ein sonniger Tag im Juli. Wolfgang und ich treffen uns zu unserer zweiten Coachingsitzung. Auf seinen Wunsch sprechen wir uns diesmal in einem sehr schönen Biergarten. Wir sitzen ungestört an einem Tisch am Rand des Biergartens. Seit unserem ersten Gespräch sind über zwei Monate vergangen. Er hat sich in dieser Zeit einen lang gehegten Traum erfüllt und ist über die Alpen von München nach Venedig gewandert.

Wolfgangs Ausgangssituation

Vor knapp eineinhalb Jahren ist Wolfgang mit fast 60 Jahren auf eigenen Wunsch als CEO eines Familienunternehmens ausgeschieden. Er hatte das Unternehmen in den Jahren zuvor neu aufgestellt und den Umsatz nahezu verdoppelt. Es war Zeit, an die nächste Generation zu übergeben, wie er sagte. Auf die dritte Lebensphase hatte er sich allerdings kaum vorbereitet. Er hatte sich auf eine Zeit ohne Termine gefreut und wollte den Rest auf sich zukommen lassen. Das hat nicht ganz so funktioniert wie erwartet. Wolfgang hat inzwischen ein Aufsichtsratsmandat und eine Gastprofessur an einer Universität. Aber auch dies reicht ihm nicht. Er verspürt noch viel Energie und ist auf der Suche nach einer Aufgabe, die ihn wirklich ausfüllt. Unser Coaching soll Klarheit und weitere Impulse für die nächste Lebensphase liefern.

Den Motor noch mal anwerfen

Natürlich sprechen wir zunächst über seine Wanderung. Dann kommen wir zum eigentlichen Thema. »Wollen Sie wirklich noch mal durchstarten oder haben Sie es sich auf der Wanderung anders überlegt?«, will ich wissen.

»Es bleibt dabei«, sagt Wolfgang. »Ich möchte den Motor unbedingt noch mal anwerfen.«

»Haben Sie über mögliche Optionen nachgedacht?«, frage ich.

»Um ehrlich zu sein, habe ich in den ersten drei Wochen mit Rucksack und Wanderschuhen nicht daran gedacht«, sagt Wolfgang. »Ich wollte einfach die Berge genießen. Erst als ich im Veneto durch die Weinberge marschiert bin und es schon auf Venedig zuging, musste ich an unser Thema denken. Mir fiel ein früherer italienischer Kollege ein, mit dem ich manchmal Ruhestandsfantasien ausgetauscht habe. Er wollte später Wein anbauen, ich weiß gar nicht, was aus seiner Idee geworden ist. Ich habe mir dann auch ein paar Gedanken gemacht, wie es mit mir weitergehen könnte, aber so richtig weit bin ich nicht gekommen.«

»Wäre Weinanbau auch was für Sie?«, frage ich scherzhaft.

»Ich trinke sehr gern Wein, aber um noch mal Weinbauer zu werden, soweit reicht meine Passion dann doch nicht«, sagt Wolfgang und lacht.

»Was würde Ihnen denn in der dritten Lebensphase Spaß machen?«, frage ich ihn.

»Einerseits möchte ich meine Erfahrung einbringen. So ganz aus der Übung bin ich nach eineinhalb Jahren hoffentlich noch nicht. Ich weiß immer noch, wie man Geschäfte aufbaut, wie man sie führt und mit welchen Herausforderungen man dabei zu kämpfen hat. Ich möchte aber nicht zurück in die Corporate-Welt, dann hätte ich meinen Vertrag damals auch verlängern können. Und ein Aufsichtsratmandat reicht mir auch. Ich möchte lieber noch mal etwas anderes machen und etwas zurückgeben.«

Während Wolfgang das sagt, notiere ich ein paar Stichworte auf einem Bierdeckel: *Geschäft aufbauen, Führung, zurückgeben.*

»Notieren Sie sich ein paar Ideen für Ihren eigenen Ruhestand?«, fragt Wolfgang mit dem ihm typischen Humor.

»Sie kennen doch den alten Beraterwitz«, kontere ich. »Wenn Sie mich fragen, wie spät es ist, dann bitte ich Sie erst mal um Ihre Uhr.« Wir lachen beide. »Keine Angst«, fahre ich fort, »das Copyright bleibt bei Ihnen. Ich schreibe nur mit, das brauchen wir gleich noch.«

»Ich bin gespannt«, sagt Wolfgang.

Der Kellner bringt zwei Maß Bier und zwei Laugenbrezeln. Wir nehmen jeder einen ersten Schluck.

»Was würde Ihnen noch Spaß machen?«, frage ich ihn.

»Meine Tochter arbeitet in einem Start-up in Berlin. Das ist eine andere Welt, als ich sie kenne. Wir haben uns schon ziemlich oft in die Haare gekriegt, wenn wir übers Geschäft gesprochen haben. Ich komme aus einer Welt, in der es um Umsatz und Kosten geht. Bei ihr dreht sich alles nur um die *Evaluation*, wie sie sagt. Trotzdem, ich glaube, ich konnte ihr manchmal schon mit ein paar Tipps helfen, und ich finde es faszinierend, was sie da macht. Auch wenn ich selbst viel zu alt für diese Art von Geschäft bin, interessieren würde es mich schon.«

Ich notiere *Start-up* und *helfen* auf dem Bierdeckel.

»Und sonst?«, hake ich weiter nach.

»Wandern!«, sagt Wolfgang und lacht. »Im Ernst, ich liebe die Berge seit meiner Jugend, das ist mir wichtig. Aber das passt hier wahrscheinlich nicht hin.«

»Wer weiß«, sage ich und schreibe wieder mit: *Wandern, Berge.*

»Fällt Ihnen noch was ein?«, frage ich Wolfgang.

»Sie wollen es aber genau wissen«, sagt er. »Es sollte etwas Sinnvolles sein, sonst fällt mir erst mal nichts ein.«

Ich schreibe *Sinn* auf.

Der Plan auf dem Bierdeckel

»Prima«, sage ich und schiebe ihm den Bierdeckel rüber. »Dann noch einmal von vorn. Erklären Sie mir bitte, was Ihnen Spaß machen würde, aber diesmal, ohne eines der Worte auf dem Bierdeckel zu benutzen.«

Wolfgang schaut mich verwundert an: »Ist das wieder eine von Ihren komischen Coachingübungen?« Er schaut auf den Bierdeckel, dort steht: *Geschäft aufbauen, Führung, zurückgeben, Start-up, helfen, Wandern, Berge, Sinn.* »Ich kann's ja mal versuchen. Also, ich verstehe immer noch etwas vom Geld verdienen, ich bringe gern Menschen zusammen, um etwas Neues entstehen und wachsen zu lassen, ich empfinde es erfüllend, wenn ich jüngere Menschen fördern kann, und ich liebe die Natur ... Ich habe mich bei der Übung gar nicht schlecht geschlagen, oder?« Wolfgang schaut dabei so stolz, als wenn er gerade das Rätsel der Sphinx gelöst hätte.

Wieder schreibe ich mit: *Geld verdienen, Neues entstehen lassen, fördern, Natur.* Dann schiebe ich ihm wieder den Bierdeckel rüber. »Und wenn Sie das in einem Wort zusammenfassen würden, wie würde das Wort lauten?«, frage ich ihn.

»Sie bringen mich aber ganz schön an meine Grenzen«, sagt Wolfgang und denkt einen Moment nach. Plötzlich hellt sich sein Blick auf und er sagt: »Wachstum, es hat alles mit Wachstum zu tun. Ich hatte immer den Anspruch, dass ein Geschäft wachsen muss, es macht mir Freude, Menschen wachsen zu sehen, und ich liebe es, die Natur wachsen zu sehen. Ich glaube, es ist tatsächlich das Wachstum, das mir die letzten eineinhalb Jahre im Ruhestand gefehlt hat.«

»Das wäre doch ein schönes Motto für Ihren Neustart: *Wieder wachsen«,* schlage ich vor.

»Das bringt es genau auf den Punkt«, sagt Wolfgang begeistert. »Die Frage ist nur, wie ich das umsetzen kann.«

»Welche Ideen hätten Sie denn?«, frage ich zurück.

Wolfgang und ich erarbeiten eine lange Liste möglicher Ideen, wie er wieder mehr Wachstumsthemen in sein Leben bringen kann, etwa als Beirat in einem Start-up, als Angelinvestor, durch den Ausbau seiner Gastprofessur an der Universität oder durch den Aufbau eines Mentoren-Netzwerks für Gründer. Wir entwickeln auch ausgefallene Ideen wie die Organisation von Bergtouren für junge Führungskräfte.

»Die Ideen mit dem Investment im Umweltbereich und mit dem Mentoren-Netzwerk gefallen mir spontan am besten. Vielleicht lässt sich das sogar kombinieren. Das könnte der Funke sein, der meinen Motor wieder anspringen lässt«, sagt Wolfgang und lacht. »Ich habe das Gefühl, dass es ab jetzt einen noch ›aktiveren‹ Ruhestand geben könnte.«

Der Motor läuft: Von der Bierdeckel-Session in die Umsetzung

In den folgenden Monaten arbeitet Wolfgang seine Ideen aus. Er reaktiviert alte Kontakte, spricht mit Investoren, Venture-Capital-Firmen, Professoren, Verbänden, Initiativen und besucht Veranstaltungen speziell für Angelinvestoren. Wolfgang lernt dabei viel Neues. Im Dezember treffen wir uns noch mal zu einer Coachingsitzung.

»Ich glaube, ich werde lange an unsere Bierdeckel-Session im Sommer zurückdenken«, beginnt Wolfgang das Gespräch. »Wachstum war wohl das Stichwort, das ich gebraucht habe. Mein innerer Motor ist wieder angesprungen und die Pause ist zu Ende. Es gibt eine konkrete Idee und ich habe zwei Mitstreiter gefunden.«

»Da bin ich aber sehr gespannt«, sage ich.

»Ich werde zusammen mit einer ehemaligen Personalberaterin und einem früheren Kollegen eine Plattform aufbauen, die Existenzgründer mit Kapital und Wissen zusammenführt«, beginnt Wolfgang. »Natürlich sind wir nicht die ersten mit so einer Idee, aber wir können über unser Netzwerk Zugang zu hochkarätigen Mentoren bieten und werden uns zudem auf Investments im ökologischen Bereich konzentrieren. Da kam meine Naturpassion in mir durch. Und wir drei haben alle große Lust, noch mal etwas Neues anzustoßen. Mit denen hätten Sie auch ein paar Bierdeckel vollschreiben können. So werde ich auf meine alten Tage tatsächlich noch zum Gründer«, sagt er.

»Das klingt wunderbar«, antworte ich. »Sehen Sie, so kann es manchmal kommen, vom Wandern zum Wachstum …«

»… mit Wolfgang!«, unterbricht er mich und lacht laut. »So nenne ich dann meine Memoiren.«

Was Sie von Wolfgang lernen können

- ▶ *Wer im Ruhestand aktiv werden will, sollte den Erfolgsmotor rechtzeitig »anwerfen«*

Wolfgang musste einen herausfordernden Übergang meistern, der zu jeder Karriere gehört: den Schritt vom angesehenen Topmanager in den Ruhestand. Dass er diesen Schritt freiwillig machte, um Platz zu machen für die nächste Generation, spricht für seine Größe als Führungskraft. Die Annahme, dass sich im Ruhestand schon etwas finden würde, das ihn richtig ausfüllt, war allerdings naiv. Wolfgang hätte diesen Schritt gut vorbereiten müssen, denn er bringt erhebliche Auswirkungen mit sich. Dazu zählen auch negative psychische Auswirkungen, ausgelöst durch den plötzlichen Wegfall von Macht und Einfluss, sowie eine veränderte Werteorientierung. Wolfgang spürte das an seinem Wunsch, »noch einmal gebraucht zu werden« und etwas zurückgeben zu können.

▶ *Wer nach einer längeren Pause wieder »anfahren« will, braucht Energie*
Dass Wolfgang der Neustart nach einer Pause von eineinhalb Jahren ohne Probleme gelang, war nicht selbstverständlich. Was ihm half, war, dass er noch über ein intaktes Netzwerk verfügte und die nötige Energie verspürte, noch mal neu zu beginnen. Durch seine Wanderung gewann er Abstand und vermied es, sich in Grübeleien zu verlieren. Diese Gefahr hätte durchaus bestanden. Zudem nutzte er die Energie und Inspiration, die eine Fernwanderung mit sich bringt, um direkt im Anschluss durchzustarten. So schaffte er es, das nach einer längeren Pause übliche »Beharrungsvermögen« zu überwinden. Bücher wie *Ich bin dann mal weg* (Kerkeling 2006) von Hape Kerkeling oder *Über die Berge zu mir selbst* (Wötzel 2009) von Rudolf Wötzel, einem früheren Investmentbanker, beschreiben ähnliche Erfahrungen, wie Wolfgang sie gemacht hat.

▶ *Beim Neustart nach dem »Abbiegen« in den Ruhestand kann eine Metapher helfen*
Wolfgang musste zunächst verstehen, was ihm in der dritten Lebensphase wichtig war. Er brauchte eine Metapher als Leitbild. Unsere »Bierdeckelübung« half ihm, seine persönliche Metapher »Wachstum« ans Tageslicht zu befördern. Er konnte sie zuvor nicht erkennen, da sie zu verdeckt unter scheinbar nicht zusammenhängenden Themen verborgen lag. Seine Metapher gab ihm Orientierung und löste einen wahren Energieschub in ihm aus. Er wusste jetzt, wo er stand, wo er hinwollte und wie er dorthin kommen könnte. Danach war er wieder »ganz in seinem Element«. So gelang ihm, etwas verspätet, der Neustart in die dritte Lebensphase.

… und wie es mit Wolfgang weiterging, erfahren Sie am Ende dieses Kapitels.

Vom Anlassen, Anfahren und Abbiegen

Es gibt unterschiedliche Arten von Erfolgspausen. Um die Batterien wieder aufzuladen oder sich um die Familie zu kümmern, bietet sich ein Sabbatical an. Je nach Dauer kann das aber bedeuten, dass man seinen »Motor« danach erst wieder »anlassen« muss. Davon zu unterscheiden ist die unfreiwillige Pause, etwa nach einer Entlassung. Hier geht es darum, aus dem mentalen Tief zu kommen, um erfolgreich wieder »anzufahren«. Und schließlich gibt es die Erfolgspause nach dem »Abbiegen« in den Ruhestand. So ganz endgültig muss diese Pause aber nicht sein, zum Beispiel wenn es gelingt, auch in der dritten Lebensphase noch mal durchzustarten, wie wir bei Wolfgang gesehen haben.

Anlassen: Wie Sie den Motor nach einer Auszeit wieder anwerfen

Zehn Tage Schweigemeditation in den Blue Mountains, eine wunderbare Reise mit der Familie durch Australien und zum Great Barrier Reef, zwölf gelesene Bücher, endlich mehr Zeit, um Golf zu spielen und um Freunde zu treffen – so sah meine dreimonatige Auszeit in meiner Zeit als Unternehmensberater aus. Diese Auszeit war fester Bestandteil meiner Zeit als Partner, um wieder aufzutanken. Sie gehört zu den Highlights in meinem Berufsleben.

In vielen Firmen sind berufliche Auszeiten inzwischen keine Seltenheit mehr. Studien zeigen, dass die Pause vom Job vor allem zur geistigen und körperlichen Erholung genutzt wird, um sich persönlich weiterzuentwickeln, um zu reisen, aber auch, um Angehörige zu pflegen oder sich um die Kinder zu kümmern (Statista 2017). Die Zeiten schwanken von ein paar Wochen bis zu mehreren Jahren. Die Auszeit schafft Abstand vom Job und hilft dabei, je nach Ausgestaltung, sich neu zu orientieren und wieder Energie zu tanken. So weit, so gut, wenn da nur nicht der Wiedereinstieg wäre. Und der fühlte sich für mich nach Wochen im Paradies wie eine harte Landung an.

Zurück im »Office«, musste ich zunächst erst mal mein Geschäft wieder »anwerfen«. Konkret hieß das, eine überquellende Mailbox abzuarbeiten, zahlreiche Kunden zurückzurufen, viele interne Gespräche zu führen und neue Beratungsmandate anzustoßen. Ich war knapp drei Monate abwesend und benötigte im Anschluss fast die doppelte Zeit, bis sich mein Geschäft wieder auf dem Niveau wie vor meiner Auszeit befand. Und ich hatte das Glück, auf dieselbe Stelle zurückkehren und dort weitermachen zu können, wo ich aufgehört hatte. Das ist nicht immer so. Die Rückkehr nach einer Pause kann sich deutlich schwieriger gestalten.

Vier Wochen oder fünf Jahre? Das Spektrum der Auszeiten

Es gibt verschiedene Arten von Auszeiten, die mit unterschiedlichen Herausforderungen bei der Rückkehr in den Job verbunden sind. Alle Auszeiten haben eines gemeinsam:

!

Je länger die Auszeit dauert, desto schwieriger wird die reibungslose Fortsetzung der Karriere und desto mehr Planung ist für die Rückkehr erforderlich.

Sabbatical: Chancen und Stolpersteine

Meine persönliche Auszeit fand im Rahmen eines Sabbaticals statt. Es gibt heute unterschiedliche Modelle, zum Beispiel Sabbaticals mittels unbezahlter Freistellung, Sonderurlaub, Lohnverzicht, Teilzeit oder Arbeitszeitguthaben (Allrecht 2019). Je nach Modell sind unterschiedliche Zeiträume denkbar, von ein paar Wochen bis zu einem Jahr. Sofern man bereit ist, das Arbeitsverhältnis ruhend zu stellen und sich selbst um seine Kranken-, Renten- und Arbeitslosenversicherung zu kümmern, kann eine unbegrenzt lange Auszeit realisiert werden.

Je mehr vorab für die Rückkehr geregelt wird, desto leichter fällt der Wiedereinstieg. Als Faustregel gilt, dass der Wiedereinstieg nach einem Sabbatical von bis zu sechs Monaten relativ problemlos funktioniert, bei entsprechender Vereinbarung mit dem Arbeitgeber vielleicht auch noch nach einem Jahr. So konnte sich beispielsweise ein Freund von mir mit seinem Arbeitgeber auf ein einjähriges Sabbatical einigen, in dem er sich einen lang gehegten Traum erfüllte und um die Welt segelte. Ein früherer Kollege von mir nahm sich ein Jahr frei und baute in dieser Zeit ein Kinderheim in Südamerika auf. Beide setzten danach ihre Karrieren ohne Probleme fort.

Ist ein mehrjähriges Sabbatical geplant, so lässt sich das Arbeitsverhältnis ruhend stellen. Alternativ bleibt die Kündigung, verbunden mit der Suche nach einer neuen Stelle im Anschluss an die Auszeit. Für den weiteren Verlauf der Karriere sind allerdings beide Optionen problematisch, denn nicht jeder zukünftige Arbeitgeber wird Verständnis für die ausgedehnte berufliche Auszeit zeigen. Es ist daher zu empfehlen, sich vorab zu überlegen, ob und wie sich diese »Lücke« im Lebenslauf später überzeugend erklären lässt, damit sie nicht zur unüberwindlichen Hürde für die weitere Karriere wird. Und es gibt bei einer längeren Auszeit noch einen weiteren Punkt zu bedenken:

Die Welt bleibt während unserer Abwesenheit nicht stehen.

Wir wollen in die Arbeitswelt schließlich nicht zurückkehren wie *Austin Powers*, der charmante Zeitreisende aus der Vergangenheit in der gleichnamigen James-Bond-Persiflage, dessen flotte Sprüche und dessen Weltbild der 1960er-Jahre so gar nicht in die Gegenwart passen. Diese Gefahr ist bei einer mehrjährigen beruflichen Auszeit aber durchaus real. Zum einen war die »Halbwertszeit« der eigenen Fähigkeiten nie so kurz wie heute. Digitalisierung und künstliche Intelligenz verändern unsere Arbeitswelt in einem atemberaubenden Tempo. Das haben wir gerade bei der weltweiten Verbreitung von Videokonferenz-Apps wie Zoom oder MS Teams erlebt, die sich in einer bisher nicht gekannten Geschwindigkeit vollzog. Wer dieser Welt länger als sechs Monate fernbleibt, kann schnell den Anschluss verlieren. Zum anderen ändert sich auch das Marktumfeld immer schneller, und die heute noch wertvolle Expertise bezüglich der Kunden, Lieferanten und Wettbewerber kann nach einem Jahr bereits obsolet sein. Hinzu kommt, dass man bei längeren Pausen schlicht und einfach aus der

Übung kommt. Wer fünf Jahre kein Auto gefahren hat und wieder beginnen möchte, sollte erst mal einen Verkehrsübungsplatz aufsuchen. Im Job ist das nicht anders.

Zum Glück gibt es eine Warnlampe, die rechtzeitig auf eine übermäßig ausgedehnte Pause hinweist. Ein Kunde von mir drückte es einmal so aus: »Plötzlich merkte ich, dass die Personalberater nicht mehr anriefen. Da wusste ich, dass es Zeit war, das Strandtuch zusammenzurollen und ins Büro zurückzukehren.« Mit Sabbaticals verhält es sich wie mit Medizin: In kleiner Dosis wirken sie heilsam und karrierefördernd, bei Überdosis schädlich.

Auszeit beim Arbeitgeberwechsel

Eine gute Möglichkeit für eine kurze Auszeit ergibt sich beim Wechsel des Arbeitgebers, also nach dem Ausscheiden aus dem alten und vor dem Start im neuen Unternehmen. Diese Auszeit muss in der Regel mit dem neuen Arbeitgeber verhandelt werden. Dabei ist zu berücksichtigen, dass der neue Arbeitgeber wahrscheinlich ein hohes Interesse an einem schnellen Start hat. Muss zum Beispiel kurzfristig die neue Unternehmensstrategie fertiggestellt werden, bei der bereits Ihr Input gefragt ist, dann werden Sie auf wenig Verständnis stoßen, wenn Sie erst noch eine sechsmonatige Weltreise antreten wollen. Vielleicht wird es dann doch nur der Urlaub an der Nordsee. In jedem Fall ist eine kurze Pause zwischen beiden Stellen aber eine gute Idee, denn so eine Chance wird sich womöglich so schnell nicht wieder ergeben. Um den reibungslosen Verlauf einer Karriere sicherzustellen, gilt als Richtwert für die maximale Pausenlänge zwischen zwei Arbeitgebern in etwa ein Monat (Zucker 2021).

Manchmal wird diese Pause unerwartet länger. Ein Freund von mir, damals Investmentbanker, wechselte von seinem Arbeitgeber zur Konkurrenz und wurde direkt in einen sogenannten Garden Leave geschickt. Mit anderen Worten: Er wurde bis zum Ablauf seiner Kündigungsfrist freigestellt. Drei Monate zu Hause und viel Zeit. Das ist in einigen Branchen durchaus üblich. Der aktuelle Arbeitgeber will damit den Zugang zu sensiblen Geschäftsdaten und Kunden abschneiden. Mein Freund nutzte diese Pause, um endlich mehr Zeit mit seiner Familie zu verbringen.

Elternzeit frühzeitig planen

Auch Elternzeit ist eine Auszeit. Mit Blick auf die Karriere gehört sie zu den herausforderndsten Auszeiten. Beruf und Familie sind nach wie vor schwer vereinbar. Häufig sind es Frauen, die nach der Geburt des Kindes ihre Karriere aufgeben oder zumindest einen Karriereknick erfahren. Studien zeigen, dass sich bei Frauen mit Kindern die Chance auf eine erste Managementposition zehn Jahre nach dem Studium statistisch fast halbiert, während Kinder für Männer so gut wie nie mit einem Karriereknick verbunden sind (Unicum 2016). Neudeutsch wird hier auch von »Mother-Gap« gesprochen. Zwar nimmt der Anteil von Männern in Elternzeit deutlich zu, allerdings noch auf geringem Basisniveau (Statistisches Bundesamt 2019).

Während der Elternzeit besteht ein besonderer Kündigungsschutz. Die Rückkehr in den Job ist aber dennoch eine große Herausforderung. Viele Führungspositionen sind auf eine Vollzeit-Besetzung ausgelegt, die Mütter oder Väter, die sich auch um ihre Kinder kümmern wollen, nicht erfüllen können. Und auch mit einer Teilzeitstelle kann es herausfordernd werden, vor allem wenn es sich um eine zeitintensive und schwer prognostizierbare Arbeit handelt. Eine Freundin von mir aus dem Bereich Professional Services ging beispielsweise nach ihrer Elternzeit zunächst zu 60 Prozent zurück in ihre Partnerrolle. Ihr Arbeitgeber ermöglichte dieses Modell. Sie musste aber auch bei ihren Kunden für ihr Arbeitszeitmodell werben, um geregelte Freiräume für die Betreuung ihrer Kinder und eine verminderte Reisetätigkeit sicherzustellen. Das war alles andere als leicht, denn sie stieß nicht überall auf Verständnis. Hinzu kam, dass sie mental hin- und hergerissen war zwischen Kindern und Karriere und sich in einem Dauerzustand mit schlechtem Gewissen befand. Diese Zeit gehörte zu der herausforderndsten ihrer Karriere.

Der Gesetzgeber ermöglicht eine Elternzeit von bis zu drei Jahren für jedes Elternteil.

!

Damit der Wiedereinstieg weitgehend reibungslos verläuft und der Karriereknick ausbleibt, gilt es, möglichst früh in die Planung einzusteigen und sich Gedanken zu machen, wie es danach weitergeht. Nach der Elternzeit ist vor der Elternzeit!

Es empfiehlt sich, mit Kolleginnen und Kollegen Kontakt zu halten, die Zeit für Fortbildungen zu nutzen und auch dem Arbeitgeber immer wieder Interesse an der Firma zu signalisieren. Es kann auch sinnvoll sein, während der Elternzeit in Teilzeit zu arbeiten, um nicht den Anschluss zu verlieren. 30 Stunden pro Woche sind gesetzlich möglich. Vor allem ist es wichtig, die Karriere weiterhin im Blick zu haben, Rückschläge hinzunehmen und an sich selbst zu glauben. Meine oben erwähnte Freundin arbeitet nach wie vor im Bereich Professional Services und gehört heute zu den erfolgreichsten Partnerinnen in ihrer Firma.

»Da bin ich (wieder)!« Die Rückkehr planen

»Was soll schon so schwierig an einem Wiedereinstieg sein? Man kann es mit der Vorbereitung auch übertreiben. Am besten erst mal alles auf sich zukommen lassen. Die anderen werden froh sein, dass ich endlich zurück bin und es ab jetzt wieder rundläuft, so wie damals …« FALSCH!

Vor allem nach einer längeren Auszeit kann man nicht einfach ins Büro marschieren, als ob man nur kurz draußen war, um frische Luft zu schnappen. Zum einen hat sich »das Büro« verändert, und damit ist weniger die Möblierung gemeint als vielmehr Kollegen, Abläufe, Organisation und Technologie. Zum anderen haben auch Sie selbst sich wahrscheinlich verändert. Durch den Abstand der beruflichen Auszeit gewinnen Sie eine neue Perspektive, möglicherweise verbunden mit anderen Erwartungen und Werten. Vielleicht sehen Sie die Dinge jetzt differenzierter und gelassener, vielleicht sind Sie aber auch nicht mehr bereit, Kompromisse zu machen, was früher kein Problem war. Auf solche Veränderungen sollten Sie sich mental vorbereiten, und dazu gehört eine gute Planung.

Meiner Erfahrung nach gehen »RückkehrerInnen« typischerweise folgende Fragen durch den Kopf:

- Was sind meine persönlichen Ziele? Was erwarte ich vom nächsten beruflichen Abschnitt?
- Welche Karriereoptionen habe ich jetzt überhaupt?
- Was muss ich wieder lernen? Welche neuen Fähigkeiten benötige ich?
- Wer kann mir bei der Rückkehr helfen?
- Wie viel Zeit werde ich noch für die Familie haben?
- Wie kann ich den Übergang so reibungslos wie möglich gestalten?

Es ist wichtig, sich für die Auseinandersetzung mit diesen Fragen ausreichend Zeit zu nehmen. In der Arbeit mit meinen Kunden habe ich dazu eine Struktur mit sechs Schritten entwickelt, die sich bei der Vorbereitung eines beruflichen Neustarts nach einer längeren Auszeit bewährt hat:

- Schritt 1: **P**ersönliche Ziele festlegen
- Schritt 2: **R**eaktivieren von Kontakten
- Schritt 3: **O**ptionen prüfen
- Schritt 4: **F**ähigkeiten und Kompetenzen auffrischen
- Schritt 5: **I**nnere Einstellung prüfen
- Schritt 6: **L**ernbereitschaft zeigen

Das Akronym PROFIL symbolisiert dabei die Beschaffenheit des »Rades«, mit dem Sie nach einer Auszeit auf die Karrierespur zurückrollen. Es ist wichtig sicherzustellen, dass Sie die Rückreise mit dem richtigen PROFIL antreten.

Schritt 1: Persönliche Ziele festlegen

Nehmen Sie sich etwas Zeit, um Ihre persönlichen Ziele und Erwartungen für die nächste Berufsphase zu konkretisieren. Wollen Sie Ihre Karriere fortsetzen oder eine neue Richtung einschlagen? Was wollen Sie beruflich noch erreichen? Wie definieren Sie jetzt »Erfolg« und »Erfüllung«? Wie wollen Sie zukünftig Ihre Zeit zwischen Arbeit, Familie und Freizeit aufteilen? Je konkreter Sie Ihre Ziele benennen, desto besser wird der Wiedereinstieg gelingen.

Schritt 2: Reaktivieren von Kontakten

Natürlich werden Sie während der Auszeit nicht alle Ihre Kontakte halten können, dann wäre es keine Auszeit. Schon vor der Rückkehr sollten Sie Kontakte zu Kollegen und Kunden reaktivieren und mit vielen Menschen sprechen. Dann starten Sie mit Schwung in den neuen Abschnitt. Falls Sie sich erst einen neuen Job suchen müssen, werden Sie auf diesem Weg vielleicht auch Gesprächsangebote erhalten.

Schritt 3: Optionen prüfen

Vor allem, wenn Sie nicht auf Ihre alte Stelle zurückkehren können oder wollen, sollten Sie Ihre Karriereoptionen genau bewerten: Was können Sie besonders gut? Was macht Ihnen Spaß? Wo gibt es die besten Chancen? Wie und wo könnte Ihre berufliche Geschichte nach der Pause weitergehen?

Schritt 4: Fähigkeiten und Kompetenzen auffrischen

Wer rastet, der rostet. Einige Ihrer Fähigkeiten und Kompetenzen werden Sie erst wieder reaktivieren müssen, da Sie wahrscheinlich etwas aus der Übung sind. Ihr Fachwissen kann inzwischen einige Lücken aufweisen, die es zu schließen gilt. Es hilft daher, viel zu lesen, ein paar Onlinekurse zu absolvieren und vielleicht relevante Veranstaltungen zu besuchen. Zu diesem Schritt gehört auch, seine Unterlagen auf aktuellen Stand zu bringen und zum Beispiel seinen CV neu zu schreiben.

Schritt 5: Innere Einstellung prüfen

Bevor Sie zurückkehren, sollten Sie sich fragen, inwieweit Sie auch mental bereit sind für den Schritt zurück auf die Karrierespur. Wie haben Sie sich selbst in der Zwischenzeit verändert? Welche Werte haben sich verschoben? Welche der alten Kompromisse sind Sie bereit, weiterhin einzugehen und welche nicht? Wo ziehen Sie zukünftig die rote Linie und was wäre dann die Konsequenz?

Schritt 6: Lernbereitschaft zeigen

Rechnen Sie damit, dass es viel Neues zu lernen gibt. Sie werden nicht alle Lücken vorab schließen können. Es wird unerwartete Überraschungen geben: etwa neue Kollegen, neue Ansprechpartner auf Kundenseite, neue Organisationseinheiten, geänderte Prozesse, neue Apps und eine neue Data-Security-Policy. Je mehr Lernbereitschaft Sie mitbringen, desto schneller werden Sie sich in der neuen (alten) Welt zu Hause fühlen.

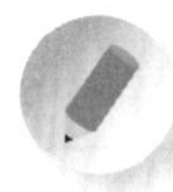

Übung: Die Rückkehr vorbereiten

Bewerten Sie ehrlich mit Schulnoten von 1 bis 6, wie gut Sie sich in den einzelnen PROFIL-Kategorien auf die Rückkehr in den Job vorbereitet haben (1 = sehr gut, 6 = ungenügend) und verbinden Sie die Linien zu einem inneren Rad:

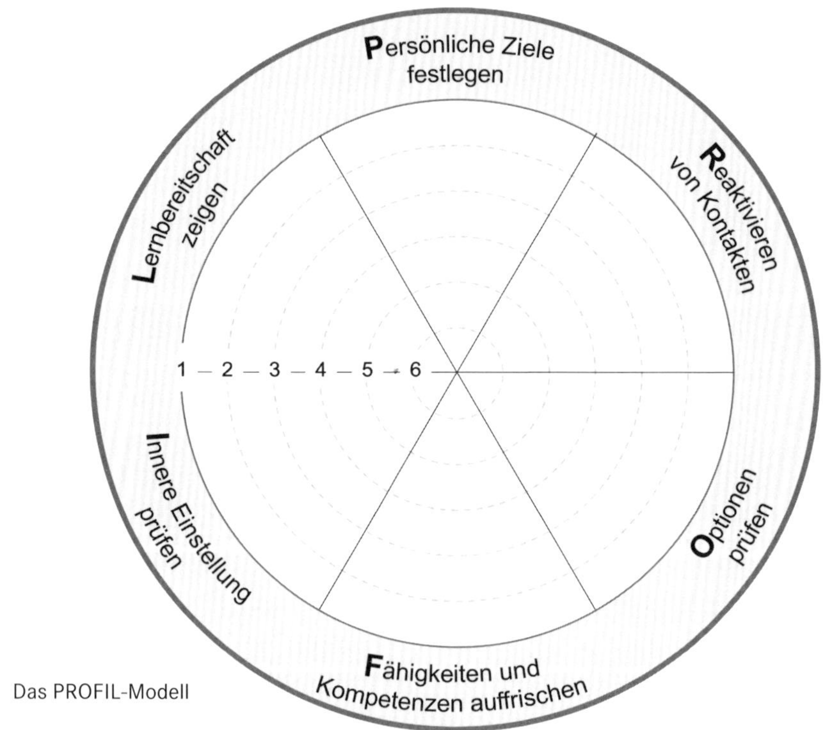

Das PROFIL-Modell

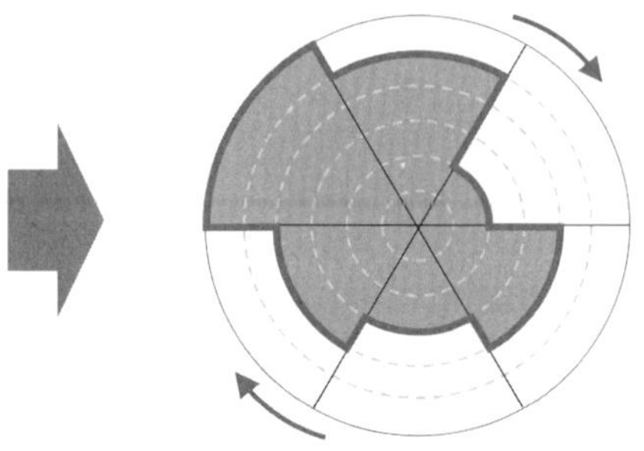

PROFIL-Beispiel aus der Praxis: Wie holprig wird die »Rückfahrt«?

- Wenn dieses Rad ein Reifen an Ihrem Wagen wäre, mit dem Sie die Rückreise in den Job antreten: Wie holprig würde die Fahrt sein?
- Welchen Durchmesser hat Ihr Rad? Fahren Sie mit einem Tretroller zurück oder mit einem Auto?
- Wo müssen Sie noch etwas nachbessern?

Anfahren: Wie der Neustart nach einem beruflichen Rückschlag gelingt

Die Nachricht kam für ihn völlig überraschend. Ein Kunde von mir, Leiter des Entwicklungsbereichs eines Maschinenbauunternehmens, war gerade voller Energie und Motivation aus dem Urlaub zurückgekehrt. Gleich am ersten Tag bat ihn ein Vorstand zum Gespräch – und kündigte ihm. Seine Stelle war im Rahmen einer Umstrukturierung weggefallen. Für ihn war es ein Schock und der Beginn einer unerwartet langen Suche nach einer vergleichbaren Führungsposition in einem anderen Unternehmen.

Plötzlich Pause

Manche Erfolgspausen kommen unfreiwillig und unerwartet. Zu den wohl traumatischsten Erfahrungen im Berufsleben gehört der Verlust des Arbeitsplatzes. Das gilt umso mehr für Topmanager, die ihr Leben ganz der Karriere gewidmet haben und plötzlich vor einem Scherbenhaufen stehen. Der Verlust kann selbstverschuldet oder unverschuldet und durch äußere Bedingungen bedingt sein, im Ergebnis ist es das Gleiche. Denn die Erfahrung, dass die Karrierekurve nicht immer nur nach oben zeigt, ist schmerzlich.

In meiner eigenen Karriere ist dieser Kelch an mir vorübergegangen. Trotzdem kam ich immer wieder mit dem Thema »Jobverlust« in Berührung. Zum einen auf Kundenseite wie oben beschrieben, zum anderen in der Beratung selbst. Große Topmanagementberatungen funktionieren nach dem *Up-or-out*-Prinzip oder auch *grow-or-go*. Wer nicht die Kriterien für die nächste Karrierestufe erfüllt, muss gehen. In meiner Zeit im internen Career Development war ich viele Jahre nicht nur mitverantwortlich für diese Entscheidungen, ich musste betroffenen Kolleginnen und Kollegen bis zum Partner auch die schlechte Nachricht überbringen, dass sie es nicht auf die nächste Stufe geschafft hatten und ihre Karriere im Unternehmen damit beendet war. Diese Trennungsgespräche gehören zu den unangenehmen Erfahrungen meiner beruflichen Laufbahn, die sich leider nicht vermeiden lassen. Wenn große Träume plötzlich zerplatzen, dann ist das verständlicherweise mit emotionalen Reaktionen verbunden. Und selbst wenn sich so eine Entscheidung über einen längeren Zeitraum bereits angedeutet hat:

In dem Moment, in dem die Trennung real wird, ist es doch schwer für die Betroffenen, sie zu akzeptieren. Zu groß sind die Enttäuschung und das kränkende Gefühl der Zurückweisung.

In diesen Situationen war es hilfreich, den Kolleginnen und Kollegen trotz der schwierigen Botschaft Wertschätzung und Dankbarkeit zu vermitteln und Unterstützung bei der Neuorientierung zuzusagen. Diese Verpflichtung hat aus meiner Sicht jeder Arbeitgeber.

Es gibt auch Fälle, da empfinden die Betroffenen die Entlassung als Erleichterung. Das ist etwa dann der Fall, wenn sich zuvor eine lange Phase der Unsicherheit hingezogen hat oder die Betroffenen selbst immer wieder mit dem Gedanken gespielt haben, zu kündigen, sich dazu aber letztendlich nicht durchringen konnten. Oder aber wenn sie sich bereits für alle sichtbar auf dem Abstellgleich befanden, nicht mehr das Gefühl hatten, einen Wertbeitrag leisten zu können, und so jeder weitere Arbeitstag für sie zur Qual wurde. Dann kann die Kündigung sogar als Erleichterung empfunden werden. »Wissen Sie, ich bin froh, dass man mir diese Entscheidung abgenommen hat und die Hängepartie endlich ein Ende hat«, beschrieb einmal ein betroffener Kunde die befreiende Situation.

Der blinde Fleck

Was die Erfahrung der Entlassung für die Betroffenen besonders schmerzlich macht, ist, wenn es sie völlig kalt und unerwartet erwischt. Das kann in wirtschaftlichen Umbruchsituationen oder bei Übernahmen der Fall sein, wenn es zu Personalabbau kommt. Es gibt aber auch Situationen, in denen die Trennung unmittelbar mit den Betroffenen selbst zusammenhängt, etwa aus Performancegründen oder weil sie immer wieder mit der Unternehmenskultur in Konflikt geraten. Und während sich die Entscheidung für alle anderen bereits sichtbar andeutet, scheinen die Betroffenen selbst nichts zu ahnen. Ihr Frühwarnsystem hat dann versagt.

Der Grund dafür kann ein übersteigertes Selbstwertgefühl sein, das im Attributionsstil begründet liegt. Mit Attributionstheorien wird in der Psychologie versucht, eine kausale Erklärung für das Verhalten eines Menschen zu finden. In unserem Fall könnte eine mögliche Erklärung sein, dass die Betroffenen die Ursache für das Problem nur in den äußeren Umständen sehen und es als temporär und zudem begrenzt auf eine bestimmte Situation betrachten. »Da müssen wir jetzt durch«, heißt es dann. Während diese Haltung grundsätzlich ein Zeichen für Resilienz ist und zu den wichtigen Stärken einer Führungskraft zählt, kann sie in übersteigertem Maße zu einem blinden Fleck führen. Die Betroffenen kommen dann nicht auf die Idee, dass sie selbst das Problem sein könnten. Dieser Effekt wird verstärkt, wenn es aus dem Umfeld kein Feedback gibt und jede Form von Kritik ausbleibt.

Das emotionale Tief überwinden

Nach dem Schock der Kündigung muss die Entlassung erst einmal emotional verarbeitet werden. Hier liegt eine große Hürde, die mit der erforderlichen Trennung zwischen Person und Position zu tun hat. Vor allem Topmanager und Professionals tendieren dazu, sich im Laufe der Zeit sehr stark mit ihrer Position zu identifizieren. Sie sehen sich schließlich nur noch als das, was auf ihrer Visitenkarte steht oder was sie über sich selbst in der Zeitung lesen. Wenn es dann zur Entlassung kommt, fällt nicht nur der Job weg, auch das Selbstbild bricht völlig in sich zusammen. »Was sollen jetzt die Kinder und die Nachbarn denken?«, fragen sie sich. Dieses Empfinden wird umso stärker, je höher sie auf der Karriereleiter aufgestiegen waren.

Ich kenne Fälle, da wurde die morgendliche Fahrt zur Arbeit oder zum Flughafen noch über Wochen nach der Trennung vorgetäuscht, nur um den Schein nach außen zu wahren. Zu den Selbstzweifeln gesellen sich je nach Trennungsvereinbarung und finanzieller Abfindung möglicherweise auch noch existenzielle Sorgen und die Frage, ob der Lebensstandard gehalten werden kann.

Es ist unumgänglich, sich in dieser Situation mit dem Ehepartner, Freunden oder vielleicht einem Coach auszutauschen, die in der Person nicht nur den Vorstand oder den Geschäftsführer sehen, sondern den Menschen.

Genauso wichtig ist es, der Wahrheit ins Gesicht zu schauen und nichts schön zu reden. Das fühlt sich zunächst nicht gut an. Aber genau diese Gefühle müssen jetzt angenommen werden. Es wäre falsch, zu versuchen, diesen Gefühlen zu entkommen, denn sie sind Teil des persönlichen Transformationsprozesses, der jetzt begonnen hat.

Falsche Fährten vermeiden

Eine besondere Gefahr nach der Entlassung ist die »Ich werde es euch zeigen«-Falle. Es ist verständlich, dass nach der entlassungsbedingten Kränkung der Wunsch nach negativer Wiedergutmachung in Form von Rache aufkommen kann. Aber genau das wäre jetzt kontraproduktiv. Denn damit kettet man sich innerlich an das vergangene Ereignis und wird nicht frei für einen wirklichen Neustart.

Ein typischer Fehler ist der vorschnelle Wechsel zum Wettbewerb, der weniger durch attraktive Karriereaussichten als vielmehr von dem Wunsch getrieben ist, dem alten Arbeitgeber zu zeigen, dass die Entlassung ein großer Fehler war. Hier lauert die Gefahr, dass der Wettbewerb lediglich daran interessiert ist, wertvolles Wissen »abzusaugen«, und den »Überläufer« danach fallen lässt wie eine ausgelutschte Zitrone. Die nächste Entlassung ist dann vorprogrammiert. Leider kenne ich einige Fälle von Kunden, aber auch von früheren Kollegen, bei denen genau das passiert ist. Bei ihnen geriet der Neustart zum Fehlstart, da sie sich vom Gefühl der Wiedergutmachung blenden und auf eine falsche Fährte locken ließen. Natürlich kenne ich auch Fälle, in denen der Schritt zum Wettbewerb gut funktioniert hat. Diese Fälle haben alle etwas gemeinsam: Die nächste und auch die nachfolgende Position wurden vorab konkret vereinbart und im Vertrag verankert. Nur so ergibt sich meiner Erfahrung nach eine echte Chance für die Rückkehr auf die Erfolgsspur.

Beim Wechsel zum Wettbewerb gilt es aber immer zu beachten, dass damit Brücken endgültig abgebrochen werden und somit eventuell auch Referenzen für den weiteren Karriereverlauf entfallen.

Der kraftvolle Neustart

Statt sich im Grübeln zu verlieren, sollten die nächsten Schritte zügig in Angriff genommen werden, denn die Stellensuche kann sich über neun bis zwölf Monate hinziehen.

Zunächst muss die Situation reflektiert und verstanden werden. Das erfordert die ehrliche Beantwortung der Frage, wie viel man selbst zum Misserfolg beigetragen hat und was man beim nächsten Mal anders machen würde. Zusätzlich sollten Eigen- und Fremdbild abgeglichen werden, vor allem, um blinde Flecken aufzudecken. Hier kann offenes Feedback ehemaliger Kollegen helfen.

Nur wer bereit ist, seine eigenen Verhaltensweisen zu ergründen, und sich nicht in Schuldzuweisungen verliert, kann berufliche Rückschläge erfolgreich bewältigen und auf die Erfolgsspur zurückkehren.

Im nächsten Schritt müssen Ziele und Optionen für die weitere Karriere geklärt werden. Soll es eine ähnliche Position in einer anderen Firma sein? Kommt der Wechsel in eine andere Firma oder in eine Position auf geringerem Level in Betracht? Sind andere Berufsfelder denkbar? Ist ein Wechsel in eine Aufsichtsratstätigkeit oder in eine Beraterrolle denkbar? Wäre eine Zusatzausbildung sinnvoll? Was ist in der aktuellen Situation überhaupt realistisch? Im Laufe der Jahre habe ich mit einigen von Entlassung betroffenen Kunden diese und andere Optionen diskutiert. Darum weiß ich, wie sinnvoll es ist, den Raum der Optionen so weit wie möglich aufzuspannen.

Meiner Erfahrung nach sind es drei Faktoren, die darüber entscheiden, wie schnell der Neustart gelingt. Zum einen ist es die Bereitschaft, die eigenen Ansprüche anzupassen und vom »hohen Ross« herunterzusteigen. Dazu zählt auch, sich selbst wieder als Bewerber und nicht als Boss zu sehen. Das fällt manch einem schwer.

Zum anderen ist es die Fähigkeit, sein eigenes Netzwerk zu aktivieren. Das gelingt nur, wenn das Netzwerk bereits über Jahre vorher gepflegt wurde. Hier gilt es, Fingerspitzengefühl zu zeigen und die Belastbarkeit der jeweiligen Kontakte zu berücksichtigen. So habe ich als Berater immer gern geholfen, wenn ein guter Kunde von mir plötzlich einen neuen Job suchte. Ich bekam aber auch »Notrufe« von denjenigen, bei denen ich selbst über Jahre zuvor nie einen Termin, geschweige denn einen Auftrag bekommen hatte und die jetzt durch Entlassung in Not geraten waren. Bei der panischen Durchsicht ihrer Kontaktdatei muss ihnen mein Name in die Hände gefallen sein. In diesen Fällen habe ich nur geholfen, wenn ich zufällig Zeit hatte, und das war selten der Fall.

Und schließlich ist es wichtig, sich auf Rückschläge einzustellen. Es braucht einfach Zeit, bis sich wieder die richtige Option ergibt. Bei einigen Suchenden sind das ein paar Wochen, bei anderen mehr als zwölf Monate. Eines kann ich aber mit Sicherheit sagen: Ich kenne aus über 20 Jahren Tätigkeit als Berater und Coach keinen einzigen Fall, in dem jemand trotz intensiver Suche nicht irgendwann eine adäquate Anschlussposition gefunden hätte. Vielleicht macht das etwas Mut.

Die Krise als Chance nutzen

Der Karriereknick nach der Entlassung kann als Chance für einen kreativen Neustart genutzt werden. Wer bereit ist, die Realität zu akzeptieren und zu reflektieren, wird nicht nur die Krise bewältigen, sondern auch persönlich wachsen. Sogar die Lebenszufriedenheit kann nach der bewältigten Krise ein höheres Niveau erreichen als vor der Entlassung, wie das folgende Beispiel zeigt.

Ein Kunde von mir, Manager aus dem Chemie-Sektor, hatte sehr überraschend seine Führungsposition als CEO verloren. Ihm war eine misslungene Akquisition persönlich angelastet worden. Er hatte das Problem nicht kommen sehen. Er nutzte die erzwungene Auszeit von mehr als zwölf Monaten, um seinen Führungsstil, sein Selbstbild und seine Werte zu überdenken. Als er schließlich wieder eine neue Position antrat, wirkte er wie ausgewechselt, vor allem gelassen und humorvoll. Um seinen blinden Fleck zukünftig so klein wie möglich zu halten, stellte er den Mitgliedern seines neuen Führungsteams ab jetzt zweimal im Jahr jeweils zwei Fragen:

»Mit welchem Verhalten habe ich aus Ihrer Sicht das Führungsteam gestärkt?«

»Mit welchem Verhalten habe ich es geschwächt?«

Vor seiner persönlichen Krise wäre es undenkbar für ihn gewesen, seine Führungskräfte um Feedback zu bitten. Er hatte die schmerzliche Erfahrung der Krise genutzt, um als Führungskraft zu wachsen. Vor allem war seine Lebenszufriedenheit gestiegen. »Mir hat diese Erfahrung gut getan«, sagte er einmal. »Ich habe das Gefühl, dass ich jetzt in mir ruhe und wieder geerdet bin.«

Übung: Vorsorge ist besser als Nachsorge

Bereiten Sie sich auf den »Notfall« vor und überprüfen Sie direkt Ihr Netzwerk:

- Wer aus Ihrem Netzwerk könnte Ihnen im Fall eines Jobverlustes helfen?
- Mit wie vielen Personalberatern haben Sie regelmäßig Kontakt?

Falls noch nicht geschehen, holen Sie sich regelmäßig persönliches Feedback ein (siehe dazu die Übung »Aktiv Feedback einholen« im Kapitel »Entkoppeln: Ursache und Wirkung verstehen«).

Abbiegen: Achtung, »Unruhestand« nächste Ausfahrt rechts!

»Entschuldige, das ist mein erster Ruhestand, ich übe noch«, sagt Heinrich Lohse, frühpensionierter Einkaufsdirektor der »Deutschen Röhren AG«, in der Loriot-Komödie *Pappa ante portas* zu seiner Frau. Ich kann immer wieder Tränen lachen, wenn ich mir den Film anschaue. Dabei ist der Protagonist ein tragischer Held, der eine Herausforderung zu meistern hat, die sich in keiner Karriere vermeiden lässt: der Schritt aus einer bedeutungsvollen Führungsposition in die Bedeutungslosigkeit des Ruhestands. Es gibt nur eine kleine Gruppe von Führungskräften, denen dieser Schritt ohne Probleme gelingt. Heinrich Lohse gehört nicht dazu. Und gerade deshalb gibt es so viel von ihm zu lernen, vor allem zwei Lektionen: rechtzeitig gehen und sich danach nicht zu wichtig nehmen. Jedem, der mit dem Gedanken an den Ruhestand spielt, sei dieser Film als »Aufwärmübung« empfohlen. Für den erfolgreichen Neustart in diese Lebensphase gelten besondere Gesetze.

Das »Leben danach« oder der dritte Lebensabschnitt

Für jeden Topmanager endet irgendwann die aktive Karriere und der Ruhestand beginnt. Der Abschied kann schwerfallen und der Übergang in die nächste Lebensphase als herausfordernd empfunden werden. Besonders spürbar wird das am veränderten Tagesrhythmus und am Verlust von Anerkennung, Macht, Einfluss und Statussymbolen. Ein Gefühl von plötzlicher Bedeutungslosigkeit schleicht sich ein, das Ego bekommt einen Kratzer. Das ist ähnlich wie bei Profisportlern, von denen einige nach dem Ende ihrer Sportkarriere unter psychischen Störungen leiden und mit Depressionen oder Sucht zu kämpfen haben. Sie haben sich vom Erfolg abhängig gemacht. Der ehemalige Formel-1-Rennfahrer Alex-Dias Ribeiro hat dies sehr treffend so zusammengefasst: »Unglücklich ist, wer Erfolg braucht, um glücklich zu sein.« Damit das »Leben danach« nicht zum persönlichen Fiasko gerät, gilt es, sich frühzeitig darauf vorzubereiten. Nur leider kommt gerade diese Vorbereitung meistens viel zu kurz.

Die klassische Einteilung des beruflichen Weges unterscheidet drei Lebensabschnitte: Ausbildung, Arbeit und Ruhestand. Während wir uns im ersten Lebensabschnitt intensiv, meist über zwei Jahrzehnte, auf den zweiten Lebensabschnitt vorbereiten, vernachlässigen wir völlig die Vorbereitung auf den dritten Abschnitt. Das ist umso tragischer, als durch die gestiegene Lebenserwartung der dritte Abschnitt zunehmend an Bedeutung gewinnt. Untersuchungen zeigen, dass Kinder, die in den westlichen Ländern geboren werden, heute eine fünfzigprozentige Chance haben, deutlich älter als 100 Jahre zu werden (Gratton, Scott 2016). Rechnerisch gerät damit zukünftig der fünfzigste Geburtstag zum neuen vierzigsten und betrifft genau die Zeit, in der wir in der Karriere typischerweise zum Höhenflug ansetzen. Durch die höhere Lebenserwartung entstehen neue Lebensphasen. Die Zukunftsforscher Peter Zellmann und Horst Opaschowski sprechen inzwischen sogar von »fünf Leben« (Opaschowski, Zellmann 2018). Genug Zeit, um noch mal durchzustarten, aber eben anders.

Frühzeitig mit der Planung beginnen

Jede Lebensstufe sollte »blühen«, wie Hermann Hesse es in seinem Gedicht *Stufen* ausgedrückt hat. Damit auch die dritte Stufe und die folgenden blühen, muss man rechtzeitig säen. Wer sich also für Aufsichtsratsposten, Beiratsposten, Gastprofessuren oder Beratungsmandate nach seiner aktiven Berufsphase interessiert, kann mit der Suche nicht erst zwei Wochen vor der Verabschiedungsfeier beginnen. Hier ist viel zeitlicher Vorlauf und aktives Netzwerken erforderlich, da sich diese Mandate nicht über Nacht ergeben. Und wer noch mal einen ganz anderen Weg einschlagen möchte, sollte sich schon Jahre vorher Gedanken dazu machen. Um Ideen zu entwickeln, zu testen und zu konkretisieren, empfiehlt es sich, mindestens fünf Jahre vor dem Ausscheiden mit der Planung zu beginnen (siehe dazu Hirt 2012, S. 216). Manche Führungskräfte beginnen noch früher.

So wurde beispielsweise aus einem meiner früheren Beraterkollegen im »Unruhestand« ein Winzer. Er betreibt heute sehr erfolgreich ein eigenes Weingut in Piemont. Über zehn Jahre vor seinem Ausscheiden als aktiver Partner in der Beratung kaufte er das erste Stück Land in Norditalien, einen verlassenen Weingarten. Später kamen über fünfzig Parzellen hinzu. Heute bewirtschaftet er über fünf Hektar. Er hat sein früheres Hobby zur neuen Lebensmitte gemacht.

Damit ist er nicht allein. Eine Kundin von mir hat sich nach ihrem Ausscheiden als Geschäftsführerin im Konsumgüterbereich ganz ihrer

Passion für attraktive Immobilien und Innenarchitektur gewidmet, eine Leidenschaft, der sie schon Jahre zuvor als Hobby nachgegangen war. Andere wiederum widmen ihren dritten Lebensabschnitt der Sammlung von Kunst, studieren noch mal Geschichte oder Mathematik, werden Coach oder Mentor oder schlagen einen spirituellen Weg ein.

Sie alle haben diese Passion neben ihren herausfordernden Jobs über Jahre hinweg wie einen Wein reifen lassen und schließlich zur neuen Lebensmitte gemacht. Häufig war es auch ihre Passion, die ihnen geholfen hat, rechtzeitig den Absprung aus der Karriere zu schaffen.

Wer frühzeitig mit der Planung des Ausstiegs beginnt, ist auch dann vorbereitet, wenn der Abschied schneller kommt als erwartet. So erwischte es einen Kunden von mir kalt, als er unerwartet in den Vorruhestand geschickt wurde. Er hatte zwar finanziell ausgesorgt, war aber mental auf diesen Schritt nicht vorbereitet, was zu psychischen Problemen führte. Er hat den unfreiwilligen Abschied nie ganz überwunden. Mit frühzeitiger Vorbereitung hätte sich das vermeiden lassen.

Rechtzeitig den Absprung finden

»Wer zu spät kommt, den bestraft das Leben«, soll Michail Gorbatschow zu Erich Honecker gesagt haben. Dieser Satz gilt auch, wenn es darum geht, rechtzeitig den Absprung aus der Karriere zu schaffen. Es ist tragisch zu sehen, wenn Führungskräfte ihr eigenes Verfallsdatum verpassen und einfach nicht wahrhaben wollen, dass ihre Zeit vorüber ist. Sie klammern sich immer noch an ihre Rolle, obwohl der eigene Verfall, für alle sichtbar, bereits begonnen hat. Zu verlockend ist es, »noch eine Runde auf dem Karussell zu drehen«, vor allem wenn jegliche Perspektive für die Zeit danach fehlt. So verpassen sie eine Ausfahrt nach der nächsten. Leider gibt es dafür viele prominente Beispiele von Lenkern aus Politik und Wirtschaft. Einer, der rechtzeitig den Absprung schaffte, ist der frühere Siemens-Chef Joe

Kaeser. In einem Interview sprach er treffend von der »Kunst des Loslassens« (Süddeutsche Zeitung 2020). Leider lernen wir genau das nicht an der Business-School oder im Führungsseminar.

Für die Bedeutung des rechtzeitigen Loslassens gibt es auch einen biologischen Grund. Forschungsergebnisse zeigen, dass Erfolg und Produktivität in den ersten 20 Jahren nach Beginn der Karriere im Durchschnitt zunehmen und danach rückläufig sind (Simonton 1997). Wer also mit 30 Jahren seine Karriere beginnt, wird mit 50 Jahren die besten Leistungen zeigen und danach wieder abbauen. Unternehmer erreichen ihren geistigen Höhepunkt dagegen deutlich früher. Laut Harvard Business Review liegt die Mehrheit der erfolgreichen Start-up-Gründer bei unter 50 Jahren (Frick 2014). Erfinder und Nobelpreisträger haben ihre größten Ideen typischerweise noch früher, bereits mit Ende 30. Das hat mit unterschiedlichen Formen unserer Intelligenz zu tun.

Ein anderer Blick auf die dritte Lebensphase

In der Psychologie unterscheiden wir fluide und kristalline Intelligenz. Diese Einteilung geht auf den britisch-US-amerikanischen Persönlichkeitspsychologen Raymond Cattell zurück (Cattell 1943). Fluide Intelligenz ist unsere Fähigkeit, logisch zu denken, zu analysieren und neue Probleme zu lösen. Es ist das, was wir typischerweise Innovatoren und Erfindern zuschreiben. Fluide Intelligenz hat ihren Höhepunkt im frühen Erwachsenenalter und nimmt ab einem Alter von 30 Jahren wieder ab. So lässt sich zum Beispiel das junge Durchschnittsalter erfolgreicher Start-up-Unternehmer erklären. Kristalline Intelligenz ist hingegen die Fähigkeit, Erfahrung und Wissen zu nutzen. Es ist das, was wir gemeinhin unter Weisheit verstehen.

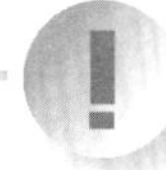

Es ist sinnvoll, sich im Alter auf Aufgaben zu konzentrieren, die mit der Weitergabe von Wissen zu tun haben, wie etwa Unterrichten, Vermitteln oder persönliche Beratung. Wir setzen damit auf Stärken, die nicht nur fortbestehen, sondern im Alter weiter zunehmen.

Das heißt natürlich nicht, dass wir im Alter kein Unternehmen mehr gründen können. Ganz im Gegenteil, es gibt viele erfolgreiche Gründungen von sogenannten Encore Entrepreneuren, die erst im Alter, häufig mit über 50 Jahren, ihr erstes Unternehmen gründen. So auch ein Kunde von mir. Statt sich als Hightech-Unternehmer zu versuchen, gründete er ein Sozialunternehmen und baut und betreibt heute Kindertagesstätten. Eine frühere Partnerkollegin von mir gründete nach ihrer Beraterzeit eine gemeinnützige Plattform, die fabrikneue Sachspenden bedarfsgerecht an gemeinnützige Organisationen vermittelt. Vielen geht es darum, etwas zurückzugeben, und das passt wunderbar mit unseren Fähigkeiten im Alter zusammen.

Der dritten Lebensphase Sinn geben und Glück empfinden

Vor einigen Jahren hatte ich dazu ein sehr interessantes Gespräch mit einem indischen Kunden. Zu dieser Zeit arbeitete ich für einen Stahlhersteller und war viel in Indien unterwegs. Er erzählte mir von Vanaprastha, der Lebensphase im Alter von 50 bis 75 Jahren. Es ist das, was wir als Ruhestand bezeichnen. In dieser Phase geht es im Hinduismus darum, irdische Belohnungen wie Geld, Macht und Prestige loszulassen und unser wahres Selbst zu finden. Früher hieß das, sich in den Wald zurückzuziehen, Yoga und Meditation zu praktizieren und so geistige Klarheit zu erlangen. Heute kann es bedeuten, sich nicht mehr ausschließlich auf die beruflichen Ambitionen zu konzentrieren, die eigenen Lebensziele anzupassen und sich auch spirituellen Themen und Weisheit zu widmen. Mein früherer Kunde hat sich inzwischen aus dem Beruf zurückgezogen und arbeitet heute für eine gemeinnützige Organisation, in Übereinstimmung mit seiner Religion und Philosophie.

Je mehr Sinn wir der dritten Lebensphase geben, desto mehr Glück empfinden wir. Das Glück ist ab einem Lebensalter von 50 Jahren ohnehin auf unserer Seite. Der Journalist Jonathan Rauch zeigt in seinem Buch *The Happiness Curve*, dass unser Glücksempfinden wie eine U-förmige Kurve verläuft (Rauch 2018). Im Verlauf unserer Karriere nimmt unser Glücksempfinden stetig ab, im Alter, typischerweise ab 50 Jahren, nimmt es wieder zu. Die U-Kurve lässt sich durch unsere Erwartungen erklären. In jungen Jahren zeigen wir übertriebenen Optimismus und überschätzen unsere zukünftige Lebenszufriedenheit. Wir werden dabei häufig enttäuscht. Im Alter bleibt unsere Lebenszufriedenheit konstant, aber die Erwartungen liegen auf einem niedrigeren Niveau. Relativ betrachtet, steigt damit unser Glücksempfinden. Damit sind wir nicht nur für eine neue Rolle in der Gesellschaft jenseits von Ehrgeiz und Wettbewerb bestens gerüstet, wir können uns auch auf eine der schönsten Lebensphasen freuen.

Den Absprung vorbereiten

Der beste Zeitpunkt, um zu gehen, ist wohl dann, wenn Sie Ihre beruflichen Ziele erreicht haben und noch genügend Energie verspüren, einen weiteren Beitrag zu leisten. Diesen Zeitpunkt gilt es zu antizipieren, und das erfordert gute Vorbereitung.

Meiner Erfahrung nach hilft es, sich für die dritte Lebensphase eine Metapher als Leitbild zu suchen, bevor man in die eigentliche Planung einsteigt. Ganz ähnlich wie bei Wolfgang in unserer Fallstudie. Eine Metapher ist ein Bild, das uns hilft, unser Ziel jenseits von abstrakten Konzepten immer wieder zu visualisieren und uns kraftvoll in Erinnerung zu rufen. In der Arbeit mit Kunden habe ich viele unterschiedliche Metaphern für die dritte Lebensphase kennengelernt. Von einer persönlichen Renaissance war die Rede, vom Ende des Rodeoreitens, von der Vollendung des eigenen Lebensgemäldes, von einem Meilenstein, von Öffnung und von Ankommen. Es lohnt sich, etwas Zeit in die Suche nach einer persönlichen Metapher für die nächste Lebensphase zu investieren.

Im nächsten Schritt sollten Sie dann einen persönlichen strategischen Plan erarbeiten, am besten mithilfe von drei Fragen:

- Wo stehe ich jetzt?
- Wo möchte ich hin?
- Wie komme ich dorthin?

Es ist sinnvoll, dabei mit unterschiedlichen Zeithorizonten zu arbeiten, denn die dritte Lebensphase ist wahrscheinlich nicht unsere letzte, wie oben beschrieben. Die folgende Struktur kann Ihnen bei der Erarbeitung des persönlichen strategischen Plans helfen:

	Wo stehe ich?	Wo möchte ich hin?		Wie komme ich dorthin?
		In 5 Jahren?	In 10 Jahren?	
Arbeit				*Was mache ich?* *Wann?* *Wer hilft mir?*
Familie und Freunde				
Hobbys				
Persönliche Entwicklung				
Meine Metapher				

Der persönliche Entwicklungsplan

Übung: Ihr persönlicher Entwicklungsplan

Finden Sie Ihre persönliche Metapher für die nächste Lebensphase und erstellen Sie Ihren persönlichen Entwicklungsplan. Fangen Sie direkt heute damit an.

Kurz gesagt

- Es lohnt sich, wenn Sie eine berufliche Auszeit nehmen. Bereiten Sie die Rückkehr aber frühzeitig vor, vor allem bei längeren Auszeiten.
- Bei einer beruflichen Auszeit von bis zu sechs Monaten wird Ihnen die Rückkehr ohne große Probleme möglich sein.
- Überwinden Sie bei einer unfreiwilligen Auszeit durch Jobverlust zunächst das emotionale Tief. Vermeiden Sie es, vorschnell emotional zu reagieren.
- Der Jobverlust bietet Ihnen die Chance für einen kraftvollen Neustart, sofern Sie die Zeit zur Reflexion und Aufarbeitung der persönlichen Krise nutzen.
- Falls Ihnen der Absprung rechtzeitig gelingt, eröffnet Ihnen der dritte Lebensabschnitt eine Vielzahl an Optionen, um noch mal richtig durchzustarten.
- Beginnen Sie mit der Planung für den dritten Lebensabschnitt mindestens fünf Jahre vor dem Ausstieg.

Für alle Neugierigen: Wie es mit Wolfgang weiterging

Mit dem Ruhestand ist es für Wolfgang nichts geworden, es war eher eine Pause. Denn er ist in seiner dritten Lebensphase noch mal richtig durchgestartet. Die gemeinsam mit seinen Freunden aufgebaute Plattform hat sich auf sogenannte Impact-Investments spezialisiert. Das sind Investitionen, die neben einer finanziellen Rendite auch positive soziale und ökologische Effekte zum Ziel haben, von Umweltthemen bis Bildung. Zahlreiche Start-ups werden inzwischen finanziert, zudem kamen namhafte Partnerunternehmen aus den Bereichen »Recht« und »Finanzierung« an Bord. Zu dem Mentoren-Netzwerk zählen inzwischen einige bekannte Persönlichkeiten aus der Wirtschaft. Wolfgang ist rundum zufrieden, wie er mir in unserem letzten Gespräch sagte. Seine Memoiren hat er noch nicht geschrieben. Sie werden also auf sein Buch *Vom Wandern zum Wachstum mit Wolfgang* noch etwas warten müssen.

Es ist kein Problem, wenn der Erfolg mal Pause macht

»Wo wollen Sie überhaupt mit dem großen Rucksack hin?«, fragt mich die Frau, nachdem sie laut geflucht hat, dass heute wieder die Scannerkarte verschwunden ist. Sie betreibt einen DHL-Shop in ihrer Wohnung in Köln. Gerade habe ich bei ihr ein Paket abgegeben, das sie auf einen großen Stapel in der Ecke legt.

»Ich wandere nach München«, antworte ich.

Es verschlägt ihr fast die Sprache: »Und da kommen Sie hier bei uns in Köln-Bilderstöckchen vorbei?«

Ich bin zu einer Fernwanderung von Düsseldorf nach München aufgebrochen. Vor fünf Tagen habe ich mich aus meinem Job als Senior Partner der Boston Consulting Group verabschiedet. Es ist der perfekte Zeitpunkt für eine Pause, bevor es mit meinem nächsten beruflichen Kapitel weitergeht. Ich möchte Abstand gewinnen, auch von den Gedanken an den Erfolg. Schon lange habe ich aufgehört zu zählen, wie oft ich in den letzten 20 Jahren für Kundentermine und interne Besprechungen von Düsseldorf nach München geflogen bin. Auf einem der Flüge kam mir die Idee, diese Strecke irgendwann zu Fuß zu gehen. Eine Stunde dauert der Flug, vier Wochen habe ich für meine Wanderung eingeplant. Vorgestern habe ich meinen Rucksack gepackt, mich von meiner Familie verabschiedet und bin einfach losgewandert, zum Ortsausgang und dann den nächsten Feldweg entlang.

Ich habe nur eine grobe Vorstellung vom Verlauf meiner Wanderung. Köln, Westerwald, Taunus, Frankfurt, Odenwald, Schwäbische Alb, Alpenvorland, München – das sind die Wanderpunkte, die ich im Kopf habe. Für diesen Weg gibt es keinen Reiseführer. Auf dieser Route ist niemand unterwegs, schon gar nicht zu Coronazeiten. Erst seit ein paar Tagen haben in einigen Bundesländern die Pensionen und Hotels auch wieder für Touristen geöffnet. Noch weiß ich nicht, ob ich überall eine Unterkunft finden werde. Mit meiner Wander-App plane ich immer nur drei Tage im Voraus, der Rest wird sich ergeben. Vier Wochen ohne Planungssicherheit, eine gute Übung für mich. Der Berater in mir ist hochgradig nervös. Wege entstehen dadurch, dass wir sie gehen, soll Franz Kafka gesagt haben.

Ohnehin wird dieser Weg zu einer Übung für mich. Ich habe mich entschieden, mit meinen über zehn Jahre alten Wanderschuhen loszuziehen. Am zweiten Tag merke ich, dass das ein Fehler war. Zehn Kilometer vor Köln lösen sich die Schuhsohlen. Ermüdungserscheinungen, meine treuen Wanderbegleiter sind wohl doch etwas zu alt. Mühsam flicke ich die Schuhe mit einer Schnur und schlage mich bis zum nächsten Outdoor-Laden in Köln durch. Dort kaufe ich mir ein neues Paar Wanderschuhe. Die alten gehen per DHL-Paket von Köln zurück nach Hause. Ich kann mich nicht von ihnen trennen. Die folgenden Tage werden hart, denn ich muss meine neuen Schuhe erst einlaufen. Hätte ich mich schon früher von den alten getrennt, dann hätte ich mir das ersparen können. Sehr schmerzlich erfahre ich so, wie wichtig es ist, rechtzeitig loszulassen, manchmal eben auch die lieb gewonnenen Wanderschuhe.

560 Kilometer Fußweg liegen laut Google Maps zwischen meiner Haustür in Meerbusch und dem Marienplatz in München. 780 Kilometer sind es tatsächlich, wenn man nicht unbedingt auf der A3 wandern will, wie mir ein Freund scherzhaft vorgeschlagen hatte, als ich ihm von meinem Plan erzählte. Es geht unter anderem entlang der Via Publica, heute ein unscheinbarer Feldweg, im 18. Jahrhundert eine der Hauptverkehrsadern Europas. Dann entlang des Limes und des Jakobsweges. Es geht durch Vorstädte, wo sich ein Fitnessstudio an das andere reiht, und durch wunderbare kleine Dörfer, deren Namen ich noch nie gehört habe. Abgesehen von den Telefonaten mit meiner Familie sind meine einzigen Gesprächspartner die Gastwirte der Pensionen, in denen ich übernachte. Wir unterhalten uns abends bei einem Glas Bier. Dreimal bin ich nicht nur der einzige Gast, sondern wohl auch der letzte. Diese Wirte müssen endgültig schließen. Erfolg heißt hier, irgendwie zu überleben, auch in Coronazeiten.

Immer weiter führt mich mein Weg in Richtung Süden. Manchmal geht es auf schnurgraden Wegen durch endlos lang gezogene Wälder, dann wieder auf schmalen Pfaden durch eine Hügellandschaft und bisweilen auch durch Gebiete, die wie ein Urwald anmuten. Beim Betreten des Waldes begrüßen mich zwitschernd die Vögel und verabschieden mich wieder, wenn ich hinaus ins Freie trete. Ein paar Tage gehe ich gemeinsam mit meiner

Frau, die mich zwischendurch besucht. Ein Highlight. Ansonsten ist es einsam auf meinem Weg. Nur zweimal treffe ich auf andere Fernwanderer. Ein Pärchen ist nur mit einem Kompass bewaffnet in Richtung Norden unterwegs. Ein Jakobsweg-Pilger schwärmt mir von seinem modernen Trekking-Equipment vor. Die meiste Zeit aber umgibt mich eine unerwartete Stille. Mitten in Deutschland.

Nur in meinem Kopf, da finde ich vorerst keine Stille. Ich hatte mir vorgenommen, nicht an berufliche Themen zu denken. Aber in der ersten Woche gelingt mir das nicht. Immer noch schaue ich neugierig auf mein Smartphone und bekomme persönliche Nachrichten zu meinem beruflichen Abschied. Ich ertappe mich dabei, wie ich die erforderlichen Durchschnittskilometer pro Tag ausrechne, um die Strecke in vier Wochen zu schaffen. Typisch Berater. Aber mit jedem Tag verschmelze ich mehr mit meiner Wanderung und beginne langsam, die Welt etwas anders zu sehen. Einfach morgens aufstehen und losgehen, offen für das, was der Tag bringen wird, ohne Erwartungen. Und immer wieder gibt es kleine Überraschungen. Mal ist es ein herrlicher Ausblick, mal ein Biergarten, mal eine kleine Kapelle. Das Wandern fällt mir immer leichter. Selbst Tagesetappen von fast 40 Kilometern gehen jetzt vorbei wie im Flug.

Mein Telefon habe ich tagsüber abgestellt und nutze es nur abends, wenn ich mit meiner Familie telefoniere. Die Textnachrichten haben inzwischen abgenommen. Meine Mailbox ist leer. Es entsteht ein Gefühl von Freiheit, Leichtigkeit und Glück. Beim Wandern bin ich jetzt ganz im Augenblick und schaffe es, auch innerlich loszulassen. Zum ersten Mal nehme ich bewusst die Vielfalt der Pflanzenwelt und das strahlende Blau des Himmels wahr. Ich kann mich gar nicht sattsehen und frage mich, warum mir das früher nie aufgefallen ist. Ich spüre eine Leere und innere Stille fast wie in der Meditation. Es ist, als wenn ich mich zwischen zwei Welten bewege. Die alte habe ich hinter mir gelassen, die neue noch nicht betreten. Jeder Gedanke an den beruflichen Erfolg ist verflogen. So wandere ich fast drei Wochen zeitvergessen in Richtung Süden.

Drei Tage bevor ich in München eintreffe, klingelt abends überraschend mein Telefon. Der CEO eines Maschinenbau-Unternehmens ist am Apparat. Wir kennen uns bisher nicht. Er habe über Umwege gehört, dass ich jetzt als Executive Coach arbeite, und würde mich gern für ein größeres Board-Mandat engagieren. Da ist er wieder, der Gedanke an den beruflichen Erfolg, als hätte er am Ende des langen Weges schon auf mich gewartet, um mich in meinem neuen Leben zu begrüßen. Und so habe ich, als ich nach 30 Tagen Wanderung auf dem Marienplatz in München eintreffe, bereits meinen ersten großen Coachingauftrag im Gepäck.

Wieder habe ich etwas gelernt. Es ist kein Problem, wenn der Erfolg mal Pause macht. Im Gegenteil, es ist schön, ihn danach gut erholt wiederzutreffen.

Epilog: Meine eigene Fallstudie

Wie um alles in der Welt kommt jemand, der sich in seinem Studium mit der technischen Machbarkeit von Kometen-Missionen statt mit Psychologie befasst hat, dazu, Executive Coach zu werden? Bin ich irgendwo falsch abgebogen? Ich muss zugeben, dass ich einfach immer weitergefahren bin und nicht auf die Schilder geachtet habe. Und so hat mich meine Reise aus der Oortschen Kometenwolke tief in den Weiten des Weltalls jetzt in die inneren Galaxien der Persönlichkeitsstrukturen von Führungskräften geführt. Zwar gab es dafür keinen Reiseführer in der nächsten Buchhandlung um die Ecke, aber der Weg war auch nicht das Problem. Herausfordernd war eher, dass zwischendurch der Erfolgsmotor Ärger gemacht hat. Ich hätte mir dann ein Handbuch gewünscht, in dem ich hätte nachschlagen können, wenn er wieder mal stotterte.

Ich musste aber feststellen, dass es eine kompakte Reparaturanleitung fürs Reisegepäck, die mir bei den zu erwartenden Problemen hätte helfen können, nicht gab. Und deshalb habe ich jetzt selbst eine Reparaturanleitung für alle geschrieben, die noch unterwegs sind. Sie basiert auf meinen eigenen Erfahrungen, die ich im Laufe der Jahre auf meinem Weg gesammelt habe. Wahrscheinlich musste ich erst diesen Weg gehen, um die vorliegende Reparaturanleitung überhaupt schreiben zu können. Und darum möchte ich das Buch nun mit meiner eigenen Fallstudie abschließen ...

Der »Retter des deutschen Maschinenbaus«

Dass ich jemals ein Buch über »Erfolg« schreiben würde, wäre mir früher nie in den Sinn gekommen. Ich habe in meiner Jugend kaum Bücher gelesen. Meine Büchersammlung bestand im Wesentlichen aus dem *Werkbuch für Jungen.* »Sieht etwas einsam aus da oben in deinem Regal«, sagte mir ein Freund damals und schenkte mir die Biografie der Rolling Stones. Jetzt hatte ich zwei Bücher. Das ist heute anders, ich verfüge über eine passable Sammlung. In Sachen Bücher bin ich ein Spätstarter. Das Gleiche gilt bei mir auch für Erfolg und Karriere. Schule und Noten waren für mich zweitrangig, mein Abitur fiel mittelmäßig aus, mein Studium der Luft- und Raumfahrttechnik an der TU Braunschweig betrieb ich zunächst nur halbherzig. Stattdessen träumte ich davon, es irgendwann mit einer meiner Rock-Bands zu schaffen. Nebenbei verdiente ich mir Geld als Schlagzeuger in diversen Tanzkapellen auf Schützenfesten. Ein dunkles Kapitel. Irgendwann wurde mir klar, dass ich es nie auf das Cover der Musikzeitschrift *RollingStone* schaffen würde. Ich entschied, auf meine zweite Passion zu setzen, die Technik. In meinem Studium legte ich jetzt einen Gang zu.

Für meinen Berufsstart hätte ich mir keinen schlechteren Zeitpunkt aussuchen können. Es war 1993 und im Exportgeschäft herrschte eine Flaute. Die Chancen für Ingenieure auf dem Arbeitsmarkt standen schlecht. Einen Job als Absolvent zu bekommen war ein Glücksfall. Ich versuchte es mit Initiativbewerbungen mit originellem Anschreiben und erhielt schon nach kurzer Zeit eine Einladung zum ersten Gespräch. Als »Retter des deutschen Maschinenbaus« wurde ich in Anspielung auf mein Anschreiben mit schallendem Lachen begrüßt. Und ich bekam den Job: Vertriebsingenieur im Sondermaschinenbau bei der Mannesmann Demag AG in Duisburg. Ich war stolz und glücklich, als ich den Arbeitsvertrag in den Händen hielt. Und ich hatte gelernt, dass es manchmal etwas Mut braucht, um erfolgreich zu sein.

Es war eine spannende Aufgabe, denn ich kam überall auf der Welt herum: London, Paris, Rio, Delhi, Trinidad. Das Geschäft florierte und ich übernahm schon bald eine erste Führungsrolle und damit die Verantwortung für ein neu geschaffenes Produktteam, das eine neue Maschinenreihe entwickeln und auf den Markt bringen sollte. Unser Team berichtete direkt an den technischen Vorstand. Intern hatten wir den Spitznamen »Jugend forscht«, denn bis dato war es im Unternehmen unüblich gewesen, jungen Mitarbeitern so viel Verantwortung zu geben. Verkauf, Projektmanagement,

Engineering, Einkauf, Fertigung, Inbetriebnahme, alles lag in unserer Hand. Für mich fühlte sich das an wie in einem Start-up. Ich lernte eine bis dahin unbekannte Seite an mir kennen, und zwar die unternehmerische.

Der holprige Weg zum Unternehmensberater

Unser Team war erfolgreich. Wohl auch deshalb bekam ich die Chance, für ein Jahr nach Paris zu gehen, um den Master of Business Administration (MBA) an der EAP (heute ESCP) zu machen. Diese Zeit war ein Wendepunkt für mich. Ich lernte viel über Strategie, Management, Organisation und Führung. Noch wichtiger war, dass ich mit vielen anderen Menschen in Kontakt kam: Investmentbankern, Marketingexperten, sogar Musikern. Und es taten sich neue Möglichkeiten auf, wie mein Leben weitergehen konnte. Zum ersten Mal spielte ich mit dem Gedanken, Unternehmensberater zu werden. Konnte ich es vielleicht sogar in die Liga der Top-Managementberatungen schaffen? Tatsächlich bekam ich eine Gesprächseinladung von der Boston Consulting Group (BCG). Ein Traum schien wahr zu werden. Aber ich sagte ab.

Stattdessen entschied ich mich zu Mannesmann zurückzugehen. Man hatte mir die Leitung eines neuen Geschäftssegments angeboten. Es war ein großer Karrieresprung und ich wurde zum Aushängeschild für die Aufstiegschancen im Konzern. Ich war jetzt international verantwortlich für vier große Teams mit erfahrenen Ingenieuren und Kaufleuten. Wir wickelten komplexe Sondermaschinenprojekte für die Spezialchemie ab, ich erfuhr viel über Führung und dass es ein großer Unterschied ist, ob man ein oder mehrere Teams führt. Nur einen Faktor hatte ich unterschätzt: Ich hatte in Paris eine neue Welt gesehen und schätzen gelernt. Zurück in meiner alten Firma fühlte sich plötzlich alles zu eng an. Trotz meines Aufstiegs hatte ich wieder nur mit denselben Kunden und denselben Problemen zu tun. War es ein Fehler gewesen, zurückzugehen? Dann jedoch trat ein Ereignis ein, das alles veränderte.

Der Mischkonzern Mannesmann wurde von Vodafone übernommen. Es war eine der bis dato größten Firmenübernahmen in der Geschichte der Bundesrepublik Deutschland. Alles, was nicht zum Mobilfunk gehörte, wurde weiterverkauft. Um nicht wie ein Stück Holz auf dem Wasser zu treiben und lediglich abzuwarten, wo ich stranden würde, entschied ich mich, das

Heft des Handelns in die Hand zu nehmen. Ich rief bei BCG an – und mit zweieinhalbjähriger Verspätung kam es doch noch zu einem Bewerbungsgespräch. Eigentlich passte ich weder vom Alter noch vom Notenspiegel her zur Zielgruppe der Bewerber. Das hatte mir zuvor eine Beraterin bereits sehr deutlich gesagt. Aber als ich schließlich doch ein Angebot erhielt, lernte ich einmal mehr, was sich alles erreichen lässt, wenn man seinem Traum folgt, auch wenn dies bei mir mit jener Verspätung erfolgte. Ich hatte das Gefühl, auf der Siegerstraße zu sein.

BCG-Matrix plus Eisen-Kohlenstoff-Diagramm

Aber den Übergang vom erfahrenen Ingenieur zum blutigen Anfänger als Berater hatte ich unterschätzt. Für mich begann eine harte Zeit, die mich psychisch an meine Grenzen brachte. Ich befand mich in der Transitionsphase zwischen zwei Welten: Mit einem Bein war ich bereits bei BCG, mit dem anderen Bein mental noch bei Mannesmann. Ich wusste, was ich aufgegeben hatte, aber noch nicht, was ich dafür bekommen würde, abgesehen von den langen Arbeitstagen und wenig Zeit für meine Familie. Immer häufiger hatte ich das Gefühl, mit diesem Karriereschritt einen Fehler begangen zu haben. In dieser Zeit habe ich sehr viel über mich selbst gelernt und erkannt, wie wichtig es ist, in einer Übergangsphase loszulassen. Erst, als mir das gelang, stellten sich die ersten Erfolge ein.

Nach zwei Jahren kam ich auf ein Reorganisationsprojekt bei einem Stahlhersteller. Und plötzlich schien der Knoten geplatzt zu sein. Ich hatte jetzt verstanden, wie Beratung funktionierte, und konnte zusätzlich meinen technischen Hintergrund nutzen. BCG-Matrix plus Eisen-Kohlenstoff-Diagramm: Für unsere Kunden schien dies eine interessante Mischung zu sein. Und meine Industrie- und Führungserfahrung verlieh mir als Berater Glaubwürdigkeit. Ich hatte mein Terrain gefunden und stieg auf: vom Berater zum Projektleiter, von dort zum Principal. Dann wurde mir zusätzlich die Aufgabe als Recruiting Director angeboten. Von da an hatte ich zwei Hüte auf: einen für meine Kunden und einen für das BCG-Recruiting, später dann für das interne Career Development. Ich hatte eine neue Leidenschaft in mir entdeckt: anderen Menschen auf ihrem Karriereweg zu helfen. Der nächste Wendepunkt war erreicht.

Nach siebeneinhalb Jahren bei BCG wurde ich schließlich zum Partner gewählt. Es fühlte sich an wie der Zieleinlauf beim Marathon. Ich war sehr stolz, es geschafft zu haben. Nur war mir nicht klar, dass sich mit diesem Schritt auch die Erfolgsregeln geändert hatten. Denn ab jetzt galt es, selbst Beratungsprojekte zu verkaufen und Kontakte aufzubauen, anstatt sich in Analysen zu vertiefen. Das gelang mir nicht auf Anhieb. Entsprechend herausfordernd gestaltete sich der Übergang. Wieder musste ich lernen, meine alte Rolle loszulassen und dabei auch gegen einen inneren Widersacher anzukämpfen. Das war eine der herausforderndsten Episoden in meinem Berufsleben. Ein sehr erfahrener Coach half mir damals bei diesem Übergang und wurde für mich zum Rollenmodell für meinen späteren Weg als Coach.

Eine neue Perspektive

Zum ersten Mal kam ich damals auch mit Zen-Meditation in Berührung. Ausgelöst durch eine ungewöhnliche Erfahrung in einem Kloster in Südkorea, begann ich mich intensiver mit dem Thema zu befassen. Ich wurde gelassener, bekam neue Energie und konnte mein Leben aus einer anderen Perspektive betrachten. »Verändere dich selbst und alles um dich herum wird sich verändern«, heißt es im Zen. Und tatsächlich begann sich sehr viel für mich zu verändern. Plötzlich stellte sich der Geschäftserfolg als Partner ein und ich übernahm zudem die Leitung einer Praxisgruppe in Europa. Parallel dazu hatte ich mit der Ausbildung zum Executive Coach bei Meyler Campbell in London begonnen. Diese Doppelbelastung war herausfordernd, auch für meine Familie. Aber sie markierte auch den nächsten großen Wendepunkt, das spürte ich. Aber noch war es nicht so weit.

Unsere Praxisgruppe hatte sich in Europa sehr gut entwickelt. Inzwischen war ich zum Senior Partner aufgestiegen. Jetzt wurde mir die weltweite Verantwortung für die Praxisgruppe angeboten. Ich zögerte zunächst. Zu groß war mein Respekt davor, Teil der obersten Führungsriege von BCG zu werden. Auch die Sorge vor einer noch höheren Reisetätigkeit ließ mich zurückschrecken. Dann jedoch entschloss ich mich dazu, das Angebot anzunehmen. Rückblickend war es die richtige Entscheidung. Ich arbeitete jetzt mit einem großen internationalen Team, die Digitalisierung verlieh unserem Geschäft ungeahnten Auftrieb und wir waren die erste Praxisgruppe in der Geschichte von BCG, die die magische Umsatzgrenze von 1 Milliarde US-Dollar überschritt. Als Praxisgruppenleiter saß ich zudem in den zentralen Gremien für die Personalentwicklung aller Partner weltweit.

Das war eine wichtige Lernerfahrung. Es hätte nicht besser laufen können. Aber ich spürte, dass meine Reise nun langsam zu Ende ging. Eine innere Stimme meldete sich.

Warnschuss mit Folgen – auf dem Weg zum Coach

Meine Ausbildung zum Coach hatte ich inzwischen abgeschlossen. Parallel zu BCG hatte ich begonnen, mit ersten Coachingmandaten zu experimentieren. Dabei stellte ich fest, dass mir diese Arbeit nicht nur außerordentlich viel Spaß machte, sondern mir auch viel Energie gab. Hinzu kam der Wunsch, mich selbstständig zu machen und noch mal etwas Eigenes auf die Beine zu stellen. Es war der überraschende Tod eines Kollegen und Freundes, der mir schließlich den entscheidenden Anstoß gab. Oft hatte ich mit ihm beim Mittagessen zusammengesessen und darüber philosophiert, was jeder von uns nach seiner BCG-Zeit machen würde. Für ihn würde es diese Zeit nun nicht mehr geben. Das war wie ein Warnschuss für mich. Ich zog die Reißleine und kündigte.

Zeitgleich mit dem Beginn der Coronakrise verabschiedete ich mich von BCG. Es war eine seltsame Koinzidenz der Ereignisse, die auch für Erstaunen sorgte. »Sag mal, Corona, woher hast du das gewusst?«, fragte mich einer meiner Kollegen bei meiner Verabschiedung scherzhaft am letzten Tag. Rückblickend habe ich wahrscheinlich genau den richtigen Absprungzeitpunkt erwischt, natürlich nicht wegen der Pandemie. Ich hatte für eine der aus meiner Sicht besten Firmen der Welt gearbeitet, mehr erreicht, als ich jemals erreichen wollte, aber noch genug Energie, um noch mal etwas Neues zu beginnen, diesmal als Coach, Unternehmer und Autor. Das Umschalten verlief reibungslos. Der Erfolgsmotor ist bereits wieder auf Touren und es geht steil bergauf mit meinem Unternehmen.

Und wer weiß, vielleicht markiert dieses Buch bereits den nächsten Wendepunkt.

Quellen- und Literaturverzeichnis

ADAC: Neuwagenkauf – Tipps für die Probefahrt. 01.07.2021. https://www.adac.de/rund-ums-fahrzeug/auto-kaufen-verkaufen/neuwagenkauf/vor-dem-kauf/, aufgerufen am 09.06.2022

Allrecht Rechtsschutzversicherungen: Sabbatical-Modelle. So können Mitarbeiter eine Auszeit nehmen. Oktober 2019. https://www.allrecht.de/alles-was-recht-ist/sabbatical-modelle/, aufgerufen am 09.06.2022

Amabile, Teresa; Kramer, Steven: The Progress Principle. Using small wins to ignite joy, engagement and creativitiy at work. Harvard Business Review Press, Boston 2011

Auto Bild: Die Motorkontrollleuchte leuchtet auf? Das ist zu tun. Dezember 2021. https://www.autobild.de/artikel/motorkontroll-leuchte-darum-leuchtet-oder-blinkt-die-mkl-13464605.html, aufgerufen am 09.06.2022

Auto Bild: Zündkerzen wechseln. Damit der Funke überspringt. November 2019. https://www.autobild.de/artikel/zuendkerzen-wechseln-10507957.html#anchor_1, aufgerufen am 09.06.2022

Autofahrerseite.EU: Bei Motorüberhitzung besteht akuter Handlungsbedarf! 2022. https://autofahrerseite.eu/tipps-trends/520-bei-motorueberhitzung-besteht-akuter-handlungsbedarf.html, aufgerufen am 09.06.2022

Bacon, Francis: Neues Organon. Große Erneuerung der Wissenschaften. Verlag der Contumax GmbH & Co. KG, Berlin 2017

Berne, Eric: Spiele der Erwachsenen. Psychologie der menschlichen Beziehungen. Rowohlt Taschenbuch Verlag, Reinbek, 20. Auflage 2019

Boston Consulting Group: Keine Lust mehr auf Führungsverantwortung. Manager Magazin, September 2019, https://www.manager-magazin.de/unternehmen/artikel/boston-consulting-group-fuehrung-unter-mitarbeitern-nicht-mehr-gefragt-a-1287950.html, aufgerufen am 09.06.2022

Boyatzis, Richard; Smith, Melvin; Van Oosten, Ellen: Helping People Change. Coaching with compassion for lifelong learning and growth. Harvard Business Review Press, Boston 2019

Branson, Richard: You can't succeed in business without making personal connections. Canadian Business. February 2014. https://archive.canadianbusiness.com/blogs-and-comment/you-cant-succeed-in-business-with-making-personal-connections-branson/, aufgerufen am 09.06.2022

Bridges, William; Bridges, Susan: Managing Transitions. Erfolgreich durch Übergänge und Veränderungsprozesse führen. Verlag Franz Vahlen, München, 4. Auflage 2018

Buckingham, Marcus; Clifton, Donald O.: Entdecken Sie Ihre Stärken jetzt! Das Gallup-Prinzip für individuelle Entwicklung und erfolgreiche Führung. Campus Verlag, Frankfurt am Main, 5. Auflage 2016

Cappuccio, Francesco P.; D'Elia, Lanfranco; Strazzullo, Pasquale; Miller, Michelle A.: Sleep duration and all-cause mortality. A systematic review and meta-analysis of prospective studies. Sleep, 2010 May, 33(5), 585–592

Cattell, Raymond: The measurement of adult intelligence. Psychological Bulletin, 1943, 40(3), 153–193. https://doi.org/10.1037/h0059973, aufgerufen am 09.06.2022

Chade-Meng Tan: Search Inside Yourself. Das etwas andere Glücks-Coaching. Arkana, München 2012

Charan, Ram; Drotter, Stephen; Noel, James: The Leadership Pipeline. How to build the Leadership-powered Company. Jossey-Bass, San Francisco 2001

Clear, James: Die 1%-Methode – Minimale Veränderung, maximale Wirkung. Mit kleinen Gewohnheiten jedes Ziel erreichen. Goldmann Verlag, München, 11. Auflage 2020

Collins, Jim: Good to Great. Why some companies make the leap and others don't. Random House, London 2001

Covey, Stephen R.; Merrill, A. Roger; Merrill, Rebecca R.: First Things First. Fireside, New York 1995. Deutsche Ausgabe: Covey, Stephen R.: Die 7 Wege zur Effektivität. GABAL Verlag, Offenbach, 58. Auflage 2022

Dalio, Ray: Die Prinzipien des Erfolgs. Bridgewater-Gründer Ray Dalios Principles mit dem Prinzip der stetigen Verbesserung. FinanzBuch Verlag, München, 6. Auflage 2021

Damasio, Antonio R.: Descartes' Irrtum. Fühlen, Denken und das menschliche Gehirn. Ullstein Verlag, München 2004

David, Susan: Emotional Agility. Get Unstuck, Embrace Change and Thrive in Work and Life. Penguin Random House, London 2016

De Smet, Aaron; Dowling, Bonnie; Mugayar-Baldocchi, Marino; Schaninger, Bill: Great Attrition or Great Attraction? The choice is yours. McKinsey Quarterly, September 2021. https://www.mckinsey.com/business-functions/people-and-organizational-performance/our-insights/great-attrition-or-great-attraction-the-choice-is-yours, aufgerufen am 09.06.2022

Duhigg, Charles: Die Macht der Gewohnheit. Warum wir tun, was wir tun. Piper Verlag, München, 9. Auflage 2013

Dürckheim, Karlfried Graf: Hara. Die energetische Mitte des Menschen. O.W. Barth Verlag, München 2012

Dweck, Carol: Selbstbild. Wie unser Denken Erfolge oder Niederlagen bewirkt. Piper Verlag, München, 5. Auflage 2017

Ensser, Michael (Hrsg.): Connecting Leaders. Dialoge. Egon Zehnder International Inc., Düsseldorf 2014

Ekman, Paul: Gefühle lesen. Wie Sie Emotionen erkennen und richtig interpretieren. Spektrum Akademischer Verlag, Heidelberg, 2. Auflage 2010

Ericsson, Anders; Pool, Robert: Peak. Secrets from the New Science of Expertise. Mariner Books, New York 2017

Etzold, Veit: Wandel kommunizieren. GABAL Verlag, Offenbach 2020

Ferriss, Timothy: Die 4-Stunden-Woche. Mehr Zeit, mehr Geld, mehr Leben. Ullstein Verlag, Berlin, 12. Auflage 2015

Founders Circle Capital: In the Front Door, Out the Back. Attrition Challenges at High Growth Startups, 2022. https://www.founderscircle.com/high-startup-turnover-rate, aufgerufen am 09.06.2022

Frick, Walter: How Old are Silicon Valley's Top Founders? Here's the Data. Harvard Business Review. April 2014. https://hbr.org/2014/04/how-old-are-silicon-valleys-top-founders-heres-the-data, aufgerufen am 09.06.2022

Gallwey, Timothy: The Inner Game of Tennis. Pan Books, London 1986

Gladwell, Malcom: The Tipping Point. How Little Things Can Make a Big Difference. Little, Brown and Company, Boston 2001

Goldsmith, Marshall: What Got You Here Won't Get You There. How Successful People Become Even More Successful. New York: Hyperion Books, New York 2007

Goleman, Daniel: Emotionale Intelligenz. Harvard Business Manager, Spezial 2022

Goleman, Daniel: Emotionale Intelligenz – EQ. Deutscher Taschenbuch Verlag, München 1997

Gratton, Lynda; Scott, Andrew: The 100-Year Life. Living and Working in an Age of Longevity. Bloomsbury Information, London Juni 2016

Grawe, Klaus: Neuropsychotherapie. Hogrefe Verlag, Göttingen 2012

Greiser, Christian; Martini, Jan-Philipp: How Companies Can Instill Mindfulness. Knowledge@Wharton, April 2018. https://knowledge.wharton.upenn.edu/article/how-companies-can-instill-mindfulness, aufgerufen am 09.06.2022

Groysberg, Boris: Chasing Stars. The Myth of Talent and the Portability of Performance. Princeton University Press, Princeton 2012

gutefrage.net: Darf man beim Motorrad neues Öl einfach dazu füllen, ohne das alte abzulassen? https://www.gutefrage.net/frage/darf-man-beim-motorrad-neues-oel-einfach-dazu-fuellen-ohne-das-alte-abzulassen, aufgerufen am 09.06.2022

Haidt, Jonathan: The Happiness Hypothesis. Finding Modern Truth in Ancient Wisdom. Basic Books, New York 2006

Heath, Fred Chip; Heath, Jeffrey Dan: Switch. Veränderungen wagen und dadurch gewinnen. Fischer Taschenbuch Verlag, Frankfurt am Main, 5. Auflage 2013

Hirt, Michael: Das CEO-Handbuch. Optimal vorbereitet für Ihre Position an der Spitze. vdf Hochschulverlag an der ETH Zürich, Zürich 2012

Hogan, Robert; Kaiser, Robert B.: What We Know About Leadership. Review of General Psychology 2005, Vol. 9, No. 2, 169–180

Huffington, Arianna: »Ein guter Morgen beginnt am Abend zuvor«. Interview mit Arianna Huffington, 2021. https://www.handelsblatt.com/unternehmen/management/interview-arianna-huffington-ein-guter-morgen-beginnt-am-abend-zuvor/27227904.html, aufgerufen am 09.06.2021

Huffington, Arianna: Die Neuerfindung des Erfolgs. Weisheit, Staunen, Großzügigkeit. Was uns wirklich weiter bringt. Riemann Verlag, München 2014

Ibarra, Herminia: The Authenticity Paradox. Harvard Business Review, January 2015

Ibarra, Herminia: Working Identity. Unconventional Strategies for Reinventing your Career. Boston: Harvard Business School Press, Boston 2002

Iso-Ahola, Seppo; Dotson, Charles: Psychological momentum and competitive Sports. A field Study. Perceptual and Motor Skills, June 1986, 62, 763-768

Johnson, Whitney: Disrupt Yourself. Master Relentless Change and Speed Up Your Learning Curve. Illustrated Edition. Harvard Business Review Press, Boston 2019

Kahneman, Daniel: Schnelles Denken, langsames Denken. Siedler Verlag, München, 19. Auflage 2011

Keirsey, David: Please Understand Me II. Temperament, Character, Intelligence. Prometheus Nemesis Book Company, Del Mar 1998

Kerkeling, Hape: Ich bin dann mal weg. Meine Reise auf dem Jakobsweg. Piper Verlag, München 2006

Kerler, Richard; von Windau, Peter: Die 100 Gesetze erfolgreicher Karriereplanung. Ullstein Verlag, Frankfurt am Main 1992

Kleitman, Nathaniel: Basic Rest-Activity Cycle – 22 Years Later. Sleep, Volume 5, Issue 4, September 1982, Pages 311–317, Raven Press, New York

Kline, Nancy: Time to think. Listening to ignite the human mind. Cassell Illustrated, London 1999

Leslie, Jean Brittain; van Velsor, Ellen: A Look at Derailment Today. Center for Creative Leadership, Greensboro 1996

Lorenz, Thomas; Oppitz, Stefan: 30 Minutes to Enhance your Profile through Personality. On the Basis of the Myers-Briggs Type Indicator® (MBTI®). GABAL Verlag, Offenbach, 3. Auflage 2015

Meister, Jeanne: The Future of Work. Job Hopping is the ›New Normal‹ for Millennials. Forbes, August 2012. https://www.forbes.com/sites/jeannemeister/2012/08/14/the-future-of-work-job-hopping-is-the-new-normal-for-millennials/?sh=4a8d219113b8, aufgerufen am 09.06.2022

Microsoft: The Next Great Disruption Is Hybrid Work. Are We Ready? Microsoft, 2021. https://www.microsoft.com/en-us/worklab/work-trend-index/hybrid-work, aufgerufen am 09.06.2022

Mulisch, Harry; Saalbach, Peter: Man muss ablernen. In: Von Pierer, Heinrich; von Oetinger, Bolko: Wie kommt das Neue in die Welt? Rowohlt Taschenbuch Verlag, Hamburg 1999

OECD: Die Zukunft der Arbeit. OECD-Beschäftigungsausblick 2019. https://www.oecd.org/employment/Employment-Outlook-2019-Highlight-DE.pdf, aufgerufen am 09.06.2022

Opaschowski, Horst; Zellmann, Peter: Du hast fünf Leben! Manz Verlag, Wien 2018

Pascale, Richard; Millemann, Mark; Gioja, Linda: Surfing the Edge of Chaos. The Laws of Nature and the New Laws of Business. Three Rivers Press, New York 2000

Peters, Tom: This I believe! Tom's 60 TIBs. An excerpt from Project 04. Snapshots of Excellence in Unstable Times. November 2002. https://tompeters.com/blogs/freestuff/uploads/2.01.ThisIBelieve.pdf, aufgerufen am 09.06.2022

Porter, Michael E.; Nohria, Nitin: How CEOs manage time. Harvard Business Review, July–August 2018. https://hbr.org/2018/07/how-ceos-manage-time, aufgerufen am 09.06.2022

Rauch, Jonathan: The Happiness Curve. Why Life Gets Better after Midlife. Green Tree Bloomsbary Publishing Plc., London 2018

Ries, Eric: Lean Startup. Schnell, risikolos und erfolgreich Unternehmen gründen. Redline Verlag, München 2012

Schootstra, Emma; Deichmann, Dirk; Dolgova, Evgenia: Can 10 Minutes of Meditation Make You More Creative? Harvard Business Review, August 2017. https://hbr.org/2017/08/can-10-minutes-of-meditation-make-you-more-creative, aufgerufen am 09.06.2022

Seligman, Martin E. P.: Der Glücksfaktor. Warum Optimisten länger leben. Bastei Lübbe, Köln, 16. Auflage 2005

Simonton, Dean Keith: Creative Productivity. A Predictive and Explanatory Model of Career Trajectories and Landmarks. Psychological Review Copyright, 1997, Vol. 104, No. 1, 66-89

Sinek, Simon: Frag immer erst: warum. Wie Topfirmen und Führungskräfte zum Erfolg inspirieren. Redline Verlag, München 2014

Statista: Sabbatical. Einfach mal Pause machen. 2017. https://de.statista.com/infografik/amp/7663/einstellung-der-deutschen-arbeitnehmer-zum-sabbatical/, aufgerufen am 09.06.2022

Statistisches Bundesamt: Qualität der Arbeit. Personen in Elternzeit. 2019. https://www.destatis.de/DE/Themen/Arbeit/Arbeitsmarkt/Qualitaet-Arbeit/Dimension-3/elternzeit.html, aufgerufen am 09.06.2022

Strogatz, Steven H.: Sync. How Order Emerges from Chaos in the Universe, Nature, and Daily Life. Hyperion Books, New York 2003

Süddeutsche Zeitung: Der bessere Chef. 2020 (18. Dezember 2020). https://www.sueddeutsche.de/wirtschaft/siemens-joe-kaeser-nachfolger-roland-busch-1.5152779, aufgerufen am 09.06.2022

Sull, Donald; Sull, Charles; Zweig, Ben: Toxic Culture Is Driving the Great Resignation. MIT SLOAN Management Review, January 2022 https://sloanreview.mit.edu/article/toxic-culture-is-driving-the-great-resignation/, aufgerufen am 09.06.2022

Suzuki, Shunryu: Zen-Geist, Anfänger-Geist. Unterweisungen in Zen-Meditation. Theseus Verlag, Berlin 1999

Thaler, Richard H.; Sunstein, Cass R.: Nudge. Wie man kluge Entscheidungen anstößt. Ullstein Verlag, Berlin, 7. Auflage 2017

Unicum Karrierezentrum: Frauen im Beruf: Willkommen am Karriereknick. Interview mit Soziologe Fabian Ochsenfeld. 2016. https://karriere.unicum.de/erfolg-im-job/frauen-karriere/frauen-im-beruf-willkommen-am-karriereknick, aufgerufen am 09.06.2022

Watkins, Michael: Die entscheidenden 90 Tage. So meistern Sie jede neue Managementaufgabe. Campus Verlag, Frankfurt am Main/New York, 2. Auflage 2014

Web.de, Ratgeber, Auto & Mobilität: Lange nicht bewegt: So wecken Sie Ihr Auto aus dem Winterschlaf. 2016. https://web.de/magazine/auto/lange-bewegt-wecken-auto-winterschlaf-32658568, aufgerufen am 09.06.2022

Wegner, Daniel M.; Carter III, Samuel R.; White, Teri L.; Schneider, David J.: Paradoxical Effects of Thought Suppression. Journal of Personality and Social Psychology, 1987, Vol. 53, No. 1, 5–13

Wötzel, Rudolf: Über die Berge zu mir selbst. Ein Banker steigt aus und wagt ein neues Leben. Integral Verlag, München 2009

Zucker, Rebecca: How Much Time Can I Take Off Between Jobs? Harvard Business Review. 2021. https://hbr.org/2021/10/how-much-time-can-i-take-off-between-jobs, aufgerufen am 09.06.2022

Danke!

Prof. Dr. Veit Etzold, Erfolgsautor und ehemaliger BCG-Kollege, war an vielen Stellen entscheidend dafür, dass dieses Buch überhaupt zustande gekommen ist. Ohne ihn hätte es weder mein Exposee zum Verlag geschafft, noch hätte ich verstanden, wie man eine Story schreibt.

Emilio Galli Zugaro hat mir auf meinem Weg als Coach oft geholfen und gab mir vor vielen Jahren bei einem Glas Wein den ersten Impuls, ein Buch zu schreiben.

Markus Draeger verdanke ich, dass ich nach unserem gemeinsamen Abend in Köln schließlich zur Tat geschritten bin und begonnen habe, das Buch auch wirklich zu schreiben.

Dick Tyler, Luca Regano und Nick Phillis gaben mir auf unserer gemeinsamen Reise nach Lissabon Inspiration und Mut, es als Autor zu versuchen.

Brigitta Wurnig hat mir einmal auf den Kopf zugesagt, dass es irgendetwas gibt, das aus mir heraus will. Ich glaube, sie hat damals schon von diesem Buch gesprochen.

Meine ehemaligen Kollegen der Boston Consulting Group haben den Weg zum Buch bereitet. Isabel Poensgen und Mirko Nikolic waren Rollenmodelle auf meinem Weg zum Coach. Jan-Philipp Martini ermutigte mich zu ersten Gehversuchen als Autor abseits der klassischen Strategiethemen. Bolko von Oetinger hat mich dazu inspiriert, auch selbst mal ein Buch ins Regal zurückzustellen (BCG-Insider wissen, was gemeint ist).

Anne Scoular und Carol Kaufman haben mir auf meinem Weg zum Coach und Autor geholfen, indem sie mir gezeigt haben, richtig hinzuschauen.

Dr. Frank Thiele, mein langjähriger Freund noch aus Mannesmann-Tagen, war sofort begeistert von meiner Idee, ein Buch zu schreiben, und hat mich weiter ermutigt.

Astrid Greiser, meine Ehefrau, hat mich, wie so oft, mental unterstützt und viel Toleranz bewiesen, wenn ich wieder mal ganze Tage und Nächte hinter meinem Schreibtisch verschwunden bin. Sie ist der wichtigste Mensch in meinem Leben. Zusammen mit unseren beiden Kindern zeigt sie mir jeden Tag, was wirklich wichtig ist im Leben.

Der Autor

© Christian Amouzou

Christian Greiser ist Executive Coach und Unternehmensberater. Der »Karrieremechaniker« begleitet Vordenker, Gestalter, Entscheider und Unternehmer auf ihrem persönlichen Entwicklungspfad und hilft ihnen, sich ihrer wahren Werte, Talente und Stärken bewusst zu werden. In seiner Arbeit verbindet er ein Gespür für persönlichkeitsbezogene Themen mit der Perspektive eines Senior-Strategieberaters und mit eigener operativer Führungserfahrung. Bevor er sich selbstständig machte, war Christian Greiser Senior Partner bei der Boston Consulting Group (BCG) und weltweit für eine der größten Praxisgruppen verantwortlich. Der studierte Ingenieur hat zuvor ein Geschäftssegment bei der Mannesmann AG geleitet. Er hat in Braunschweig, Paris und London studiert und ist Fellow am Institute of Coaching (McLean, Affiliate of Harvard Medical School).

Christian Greiser und seine Frau haben mit Meerbusch bei Düsseldorf und der griechischen Insel Korfu zwei Lebensmittelpunkte, zwischen denen sie pendeln. Seit über 15 Jahren meditiert er mit Zen-Meistern in Europa und Asien und ist Mitgründer eines globalen Achtsamkeitsnetzwerks. Diese Erfahrung fließt auch in sein Coaching ein.

Weitere Informationen finden Sie unter: www.greiseradvisory.com.

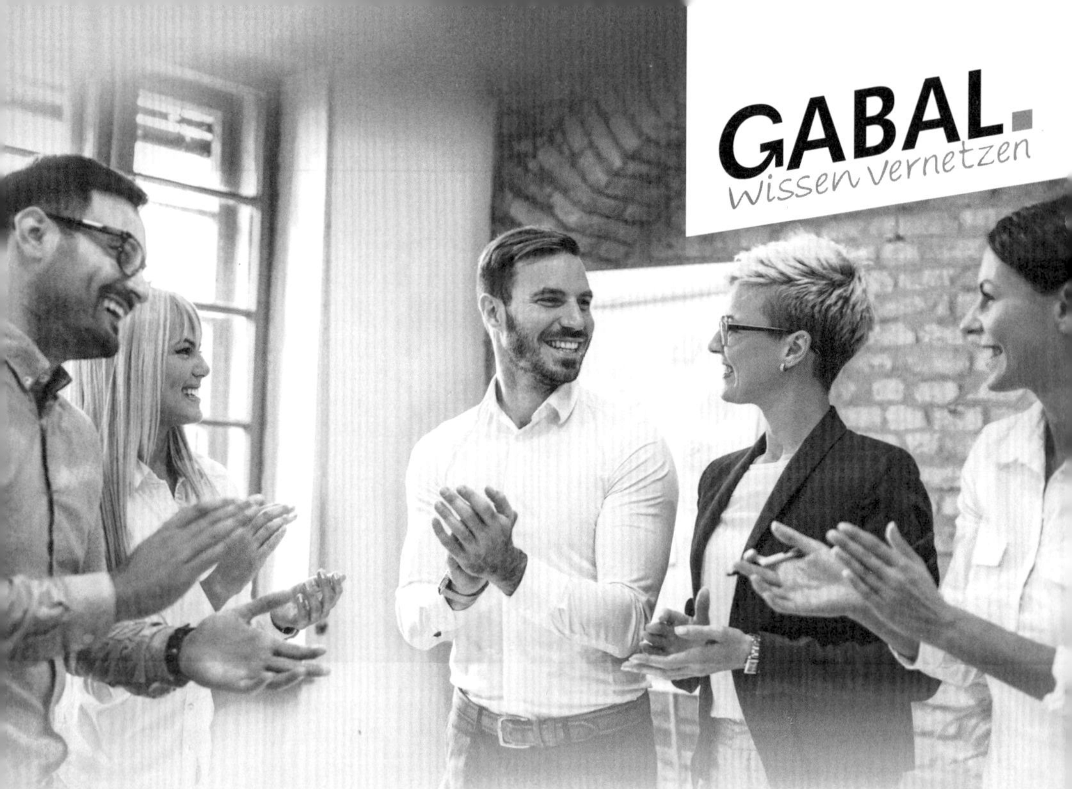